Spelenderwijs opvoeden van uw pup

Volledig nieuwe editie van de meest gebruikte leermethode

Spelenderwijs opvoeden van uw pup

Peter Beekman

Bloemendal uitgevers
Media Boekservice

Redactie en productie: Textcase, Hilversum

Uitgave, verkoop en distributie
Media Boekservice, Coldenhovenseweg 100, 6961 EG Eerbeek
T: 0313 655575 – F: 0313 654316
E: info@mediaboek.nl – W: www.mediaboek.nl

Verkoop via de boekhandel
Bloemendal Uitgevers, Bloemendalsestraat 9, 3811 EP Amersfoort
T: 033 4768550 – F: 033 4767565
E: info@bloemendaluitgevers.com – W: www.bloemendaluitgevers.com

ISBN: 90 77462 12 0

Inhoud

Voor Nick, Frank en Juliëtte

Voorwoord

Het kan zo vreselijk leuk zijn om een hond te hebben. Er is altijd iemand blij als u thuiskomt. Er is altijd iemand bereid iets met u te ondernemen. Honden kunnen goed luisteren naar kleine en grote verdrietjes en honden kunnen heel goed luisteren als u ze eenmaal hebt opgevoed...

Maar dat opvoeden moet u toch echt zelf doen. Heel vaak wordt ervan uitgegaan dat honden allerlei dingen zomaar kunnen. Ze moeten toch alleen thuis kunnen blijven. Dat kunnen ze ook. U hoeft alleen maar weg te gaan. Een hond die als u weg bent heerlijk gaat liggen slapen vermaakt zich net zo goed als een hond die als u weg bent, uw bankstel eens flink onder handen neemt. Ze hebben het allebei prima naar hun zin en kunnen dus uitstekend alleen thuis blijven. De eerste hond vertoont echter gedrag dat wij plezierig vinden en de tweede vertoont gedrag dat wij liever niet zien. Maar hoe kan die hond dat weten. Juist: dat moet hij eerst leren. Net zoals hij moet leren dat bij u komen het leukste is dat er bestaat. Hij moet leren dat u, als u langs zijn voerbak loopt, of zelfs die voerbak even optilt, helemaal geen bedreiging bent. Hij moet leren dat het veel lekkerder wandelt aan een slappe lijn, ook voor hem. En zo moet uw hond nog van alles leren.

Als kleine pup staat hij hier ook nog helemaal voor open. Hij wil graag leren, hij wil zelfs graag van u leren. Hoe, dat leest u in dit boek. Niet door boos te doen, wel om hem spelenderwijs te begeleiden in het worden van een fantastische kameraad. Want dat kan.

Ik wens u alle plezier toe met uw hond.

Peter Beekman

1

Afkomst

Algemeen wordt aangenomen dat onze huishond afstamt van de wolf. Inmiddels is dit met DNA-onderzoek bevestigd. Dit betekent dat u eigenlijk een klein wolfje in huis hebt gehaald. Een wolfje dat in de meest uiteenlopende vormen kan voorkomen, maar dat instinctmatig volgens dezelfde regels denkt. In de loop der tijd is de mens erin geslaagd het denken en doen van honden te leren begrijpen en hiermee zo om te gaan dat ze voor verschillende taken kunnen worden ingezet.

Tegenwoordig wordt de hond voornamelijk als huishond gehouden. Toch is het instinct van de hond nog steeds een van zijn belangrijkste drijfveren, met als belangrijkste doel het overleven ofwel het in stand houden van de soort. Hiervoor zijn drie dingen erg belangrijk: jagen om te kunnen eten, voortplanten om de soort te laten overleven en een duidelijke rangorde om te kunnen jagen en te zorgen dat de sterkste exemplaren zich voortplanten. Wolven leven in groepen, ook wel roedels genoemd. De grootte van de roedel kan variëren, maar bestaat meestal uit zes tot tien wolven. In deze roedel zijn alle dieren sterk op elkaar aangewezen. Ze doen eigenlijk alles samen. Jagen, vechten, vluchten, verdedigen en aanvallen. Met dat ene doel voor ogen: overleven van de soort. Om veiligheidsredenen wordt een gebied afgebakend met geurvlaggen. U kent dat ongetwijfeld ook bij huishonden die hun poot optillen tegen lantaarnpalen, bomen en struiken. Het gebied dat zo wordt afgezet heet het territorium.
Uiteraard is het voor een wolvengemeenschap van groot belang dat alles ordelijk verloopt. Onderlinge gevechten, het alleen op stap gaan om bijvoorbeeld te gaan jagen, verkleinen de kans op overleven. De groep moet, als er actie wordt ondernomen, als eenheid optreden. Alleen dan is de kans van slagen het grootst.

Om die orde in de groep te brengen en te handhaven, is er een leider die bepaalt wat er wel en niet gebeurt. De leider, die

Lage staart en oren naar achteren gebogen duiden op onderdanig gedrag

'alpha' wordt genoemd, kan zowel een reu als een teef zijn. De alpha hoeft niet altijd ook lichamelijk de sterkste te zijn. Het is de wolf met het grootste psychische overwicht. Onder deze alpha staat een nummer twee, vervolgens een nummer drie, enzovoort, zodat iedere wolf zijn eigen plaats in de roedel heeft. De alpha eist van zijn ondergeschikten absolute gehoorzaamheid. Zijn of haar wil is wet. Degene die hieraan geen gehoor geeft, wordt onverbiddelijk gestraft. Zou dit niet zo gebeuren, dan is er in plaats van orde een grote kans op wanorde, waarbij de overlevingskans van de roedel steeds kleiner wordt. De hele groep accepteert dit.

Zelfs voor de voortplanting gelden regels. De alpha-reu mag als eerste en vaak als enige de teven dekken. Ook hier geldt dat de teef die het hoogst in de rangorde staat als eerste wordt gedekt. Zij wordt zelfs vaak als eerste loops. Bij de gratie van de alpha-reu mogen soms ook de nummers twee en drie van de reuen een teef dekken. Voor een aantal reuen komt het echter nooit tot een dekking. Hierdoor zorgt de groep dat alleen de sterke wolven nakomelingen krijgen, wat de kans op overleven en voortbestaan van de roedel weer vergroot. Eigenlijk wordt vaak alleen de alpha-teef gedekt. Zij accepteert geen concurrentie van andere teven. Wordt toch een andere teef gedekt dan is de kans groot dat de alpha-teef de welpen doodt. Als de alpha-teef drachtig is of net geworpen heeft, geniet zij grote bescherming. Zij zorgt namelijk voor nakomelingen en mag daarom als eerste eten, krijgt het beste eten, wordt door de roedel verdedigd, enzovoort. Tijdens de dracht richt zij een nest in waarin later de pups kunnen worden geboren. Dit nest ligt veilig, verborgen, beschut en zo dat het door alle roedelgenoten goed kan worden beschermd. Deze bescherming blijft uiteraard bestaan wanneer de pups, of bij wolven de welpen, zijn geboren.

Enerzijds worden de welpen goed beschermd. Anderzijds mogen zij geen bedreiging vormen voor de overlevingskansen van de roedel. Daarom moeten ze snel de regels binnen de roedel leren.
Allereerst moeten ze weten wie hun soortgenoten zijn. Dit inprenten van soortgenoten vindt waarschijnlijk plaats ergens in de eerste twee weken na de geboorte. Omdat pasgeboren welpjes (en pups) nog doof en blind zijn, vindt die inprenting voornamelijk plaats via de reuk, die wel al helemaal ontwikkeld is. Hun neus wijst hun tevens de weg naar de tepels om volop te drinken, zodat ze goed kunnen groeien.

Na een dag of tien gaan de oogjes en oortjes open, zodat ze ook aan beelden en geluiden kunnen wennen. Tot een week of twaalf hebben de welpen de tijd om, heel onbevangen en nieuwsgierig, de wereld te verkennen. Tevens oefenen ze allerlei handelingen die ze later wellicht nodig hebben. Jagen, verdedigen, vluchten, overheersen, onderwerpen, aanvallen en zelfs voortplanten zijn hiervan voorbeelden. Ook zijn ze onderling al druk bezig om te kijken hoe sterk ze zijn in vergelijking met de andere pups. Ze houden zich nog niet bezig met een rangorde tussen verschillende individuen. Alles speelt zich hier alleen maar tussen de welpjes onderling af. Ze kijken hoever ze kunnen gaan en leren zo hun eigen kracht kennen.

De roedelleider speelt hierbij ook een belangrijke rol. Hij zal de welpen testen op hun gedrag en dat gaat bepaald niet zachtzinnig. Vluchten de welpen bij deze onderwerping door de alpha terug naar hun veilige nest, dan is alles in orde. Doet een welp dit niet en vecht hij verbeten terug, dan is de kans groot dat hij later een bedreiging vormt voor de rangorde in de roedel. Zo'n welp wordt dan, hoe hard het ook klinkt, meestal gedood. De meeste welpen onderwerpen zich en doorstaan zo'n eerste test in een harde wereld goed.

Als ze ongeveer zeven weken zijn, begint de moederwolf met spenen. Dit betekent dat zij het zogen wil beëindigen en met ander voedsel voor de welpen komt. Eerst krijgen ze voedsel dat door de moederwolf is voorverteerd. Als de welpjes honger hebben, stoten ze met hun neus tegen de bek van hun moeder om aan te geven dat het etenstijd is. De moederwolf geeft vervolgens het voorverteerde voedsel voor hen op. Later krijgen de welpen zelf kleine prooidieren te eten.

Vanaf een week of twaalf gaat de natuurlijke nieuwsgierigheid waarmee de welpen de grote spannende wereld tegemoet traden, over in een natuurlijke neiging tot vluchten voor onbekende dingen. Onderling zijn de welpen nog steeds druk bezig met de dominantieverhouding. In de grote roedel krijgen de welpen in eerste instantie de laagste plaatsen. Daarna zullen de welpen, die inmiddels steeds meer volwassen worden, zelfstandig een zo hoog mogelijke positie in deze roedel proberen te bemachtigen. Helemaal zeker is een plaats natuurlijk nooit. Iedere wolf in een rangorde is altijd uit op een kans om hogerop te komen.

2

Communicatie

Hoe communiceren wolven

Om het gedrag van onze huishond goed te begrijpen, is het belangrijk te weten hoe wolven onderling communiceren. Dit doen ze op verschillende manieren: door middel van geluiden, hun houding en zelfs door het verspreiden van geuren. Het belangrijkste communicatiemiddel is ongetwijfeld de houding. Dat maakt het voor mensen, die voornamelijk communiceren via spraak, lastiger om het gedrag van honden goed te begrijpen.

Wolven doen heel veel met hun houding. Ze kunnen zich groot maken door rechtop te gaan staan, hun oren naar voren te houden en hun staart hoog te dragen, terwijl zij de ander aanstaren. Hiermee stralen zij een bepaalde mate van zelfverzekerdheid uit. Wolven kunnen zich ook laag en klein maken door wat door hun poten te zakken, hun oren plat in hun nek te leggen en hun staart omlaag te doen of zelfs tussen de benen te houden, terwijl ze de ander niet aankijken. Ze kunnen ook nog op hun zij of rug gaan liggen. Zo geven ze onderdanigheid aan. Behalve met dominantie, een hoge houding, is er nog een aantal manieren waarop wolven aangeven dat zij zich de hogere in rang voelen. Ze leggen de kop of de voorpoot in de nek van de ander, gaan over de ander heen staan, bijten over de snuit van een ander heen (zonder hierbij druk op de kaken uit te oefenen), plassen over een plas van een ander heen en proberen speelgoed af te pakken, waarbij net zo lang wordt gesjord tot er een winnaar uit de bus komt. Onderdanigheid kan worden aangegeven door in een lage, wat kruiperige, houding naar een hogere toe te gaan, door de bek van de ander met de eigen bek of een voorpoot aan te stoten, op de rug of zij te gaan liggen en door voedsel of speelgoed af te geven. Wegkijken is ook een mooi voorbeeld van onderdanig gedrag.

Dreiggedrag is te herkennen aan grommen en bijten, het laten zien van de tan-

De roedel lekker rustig binnen

den, het borstelen, blaffen en vechten. Dit kan zowel vanuit dominantie als angst plaatsvinden. Over het algemeen komt dreiggedrag met een hoge houding voort uit dominantie en dreiggedrag met een lage houding uit angst. Dit laatste komt meestal voor als de wolf niet meer kan vluchten, of de ander niet reageert op zogeheten agressieremmende signalen die horen bij het zich overgeven. Komt het toch tot een confrontatie dan zal het eerste doel zijn de ander tot overgave te dwingen. Het bijten in de nek om de ander letterlijk op de knieën te krijgen is een veelgebruikte en vaak succesvolle methode. Het in de nek bijten en schudden komt doorgaans minder voor.
Een wolf heeft nog een heleboel andere handelingen om zijn stemming of zijn gevoel aan te geven. Heffen van een pootje, likken van de bek, krabben achter zijn oor, steun zoeken bij zijn meerdere door hem aan te kijken of tegen hem op te springen in een lage houding, zijn allemaal voorbeelden van een onbehaaglijk gevoel. Of dit nu angst, onzekerheid of iets anders is, hij voelt zich in ieder geval niet op zijn gemak en is dus gestresst. En dit geldt allemaal ook voor onze huishond.

Het is belangrijk dat wij al die gedragingen van onze hond leren herkennen en begrijpen. Alleen dan kunnen wij er op de juiste manier mee omgaan. Wij kunnen van een hond nu eenmaal niet verwachten dat hij zich inleeft in onze gedragsregels, daarom moeten wij proberen zijn wereld te begrijpen. Met andere woorden: om een hond goed op te voeden, moeten wij in een aantal van onze gedragingen ten opzichte van de hond gewoon een beetje hond worden.

De rangorde in huis

Eigenlijk maken wij het onze honden behoorlijk moeilijk. Ze moeten zich helemaal aanpassen aan onze menselijke normen en maatstaven. Een voorbeeld hiervan is de roedel. Onze huishond kent verschillende roedels. Allereerst is er het gezin. Maar eventuele kinderen hebben vriendjes en vriendinnetjes die over de vloer komen. Ook komt er natuurlijk regelmatig visite en wordt de hond naar allerlei plaatsen meegenomen met steeds weer andere roedelgenoten. Denk aan het speelveld, de hondenclub, vakantie, enzovoort. Iedere situatie is weer anders, met meestal andere mensen en soms ook andere honden. De gedragscode van andere honden begrijpen ze wel. Soms kan dat tot confrontaties leiden, maar meestal is de situatie wel in de hand te houden. Met mensen die allemaal verschillend reageren ligt dit soms wat moeilijker. Vandaar dat het erg belangrijk is dat de oorspronkelijke roedel, in het geval van de huishond is dat het gezin, zo veel mogelijk duidelijkheid geeft over de plaats van de hond in die roedel. De hond heeft daar houvast aan in situaties dat hij in een andere roedel is; zoals wanneer er visite is en er vriendjes en vriendinnetjes komen spelen. Ook het territorium van onze huishonden

De roedel buiten

verschilt van dat in de natuur, waar ze maar één territorium hebben. Onze huishond heeft er vele. Het huis en de tuin zijn nog gemakkelijk te overzien. Maar ook de galerij of de straat, het speelveld, het trainingsveld, de auto en de caravan en zelfs tijdens de wandeling het gebied dat ze kunnen bereiken tot het einde van de lijn zijn allemaal territoria.
In die verschillende territoria komen ze allemaal andere mensen en dieren tegen, die ook een bedreiging kunnen vormen. Dat kan erin resulteren dat de hond wil vluchten als de dreiging te groot wordt of wil aanvallen om even duidelijk te maken wie nu eigenlijk de alleenheerser is. En ook hier is het dus verschrikkelijk belangrijk dat de baas ook écht de baas is en als een echte alpha-hond absolute gehoorzaamheid eist. De hond hoeft dan alleen maar op hem of haar te letten, zodat de verscheidenheid aan roedels en territoria bijzaak wordt.
Aan het continu uitzetten van geurvlaggen kunnen we zien dat honden vele territoria hebben. Omdat allerlei andere honden daar ook weer hun geurvlaggen overheen sproeien, blijven ze dit doen. Toch is het prettig als honden die tot verschillende roedels behoren, het goed met elkaar kunnen vinden. Het is tenslotte heel leuk om 's middags met een groepje een stel honden uit te laten. Wij maken contact met andere hondeneigenaren met veelal dezelfde interesse en vinden het plezierig als onze honden ook leuk met elkaar omgaan. Meestal gaat dit ook wel goed. De honden kennen elkaar inmiddels en hebben ook onderling een roedel gevormd. Problemen kunnen ontstaan als er een nieuwe buurtgenoot met een hond bij komt. Dit is een indringer. Instinctmatig moet deze uit het territorium worden verdreven, of worden opgenomen op een vrij lage plaats in de rangorde. Is de hond van nature onderdanig en accepteert hij een lage plaats, dan geeft dit geen problemen. Is hij echter een flinke jongen, die zichzelf nogal dominant vindt dan zal er in een gevecht moeten worden uitgemaakt of hij wordt opgenomen in de roedel, en dan op een vrij hoge plaats, wordt verdreven, of zelfs gedood.
Er wordt wel eens beweerd dat volwassen honden pups niets doen. Dat is zeker niet altijd het geval. Als een pup opdringerig op andere honden af komt, dan kan de andere hond, die helemaal geen band heeft met de pup, de pup willen verjagen of ook nu weer, zelfs doden. Zover mogen en moeten wij mensen het echter nooit laten komen. Wij grijpen in, omdat niemand het prettig vindt als zijn of haar hond gehavend uit de strijd komt. Wij zijn tenslotte de baas en bepalen wat er gebeurt. Willen wij niet dat er wordt gevochten dan hoort dit ook niet te gebeuren. Maar dan moeten beide bazen daadwerkelijk een alpha-positie hebben.

Een hechte band tussen baas en hond is noodzakelijk

Als de baas ook echt de baas is, zal de hond, als een goede ondergeschikte, zijn baas voortdurend in de gaten houden. Hoe dominant de hond ook is, als de baas nog dominanter is, zal de hond op hem letten. En als deze baas geen toestemming geeft om met andere honden uit te maken wie er hoger staat in de rangorde, zullen

Een band gebaseerd op wederzijds vertrouwen

de honden gezellig met hun eigen roedel meelopen en de andere roedel links laten liggen. De baas moet hiervoor natuurlijk wel verschrikkelijk interessant zijn. Aan de ene kant door een juiste dominantieverhouding, maar verder zo leuk dat de hond alles voor de baas laat lopen. Die baas is tenslotte alles voor hem. En wie vindt het nu niet leuk als de mensen stoppen en de hond nakijken die in hemelse verering met zijn baas meeloopt? Vrolijk kwispelend en stralend van plezier. Bovendien is het dan ook veel leuker om met je hond te gaan wandelen. Zo beleven zowel de hond als de baas veel meer plezier aan elkaar.

Het is fijn als je als baas alleen maar even hoeft te fluiten of de naam van de hond hoeft te roepen om hem bij je te laten komen. Of dat de hond uit zichzelf steeds opnieuw de bal komt brengen, omdat hij het spelen met de baas zo leuk vindt.

3

Ontwikkelingsfasen

De opvoeding van pups begint eigenlijk al heel snel na de geboorte. Ze moeten bij de fokker al leren om te leven in een mensenmaatschappij. En dat moeten ze ook nog eens als iets heel natuurlijks gaan ervaren. Puppy's doorlopen vanaf hun geboorte tot aan volwassenheid een aantal fasen. Iedere fase heeft zijn eigen, heel belangrijke kenmerken waarin een pup goed moet worden begeleid om uiteindelijk tot een stabiele en plezierige huisgenoot te kunnen uitgroeien.

De vegetatieve fase

In de eerste twee weken na de geboorte zijn de pups nog helemaal doof en blind. Ze hebben veel rust nodig om te kunnen groeien.
Nog niet alle hersenfuncties zijn helemaal ontwikkeld. Wel ontwikkeld is het reukorgaan. Hierdoor kunnen ze feilloos de tepel vinden om te zorgen dat ze in die eerste dagen goed groeien. Ook gebruiken ze hun neus om soortgenoten in het algemeen te leren herkennen aan hun geur. Anders dan het kuikentje dat uit het ei komt en het eerste wat hij ziet de rest van zijn leven zal herkennen als zijn moeder. Ook al is dit een mevrouw met gele laarsjes. Die laarsjes zal het kuikentje blijven volgen.

Bij honden gaat dit niet zó ver, maar toch is het principe hetzelfde. Omdat ze lekker veilig bij de moeder liggen en volop te drinken krijgen, wennen ze aan de lucht van honden en zien ze honden als hun soortgenoten. In onze mensenmaatschappij willen we echter dat honden ook mensen als soortgenoten gaan zien. En hiervoor zijn die eerste twee weken heel belangrijk.
De fokker moet eigenlijk elke dag iedere pup vijftien tot twintig minuten tegen zich aan houden. En omdat nog niet helemaal duidelijk is op welke dag, of dagen die inprenting precies plaatsvindt, moet de fokker dit minstens twee weken volhou-

den. De fokkers die voor hun hobby fokken zullen hier geen of weinig problemen mee hebben. Het is niet erg dat er nog niet wordt geroken aan andere mensen of honden. De algemene lucht is het belangrijkst. Het kan voor de moederhond te veel van het goede zijn als er al vanaf de eerste dag allemaal vreemde mensen over de vloer komen. De pups merken dat de teef onrustig wordt en kunnen dit weer associëren met de lucht van die vreemde mensen. In de eerste twee weken is een rustige moederhond die volop vertrouwen heeft in de fokker, het belangrijkst.

De overgangsfase

Na een dag of tien gaan de oogjes open en een paar dagen later de oortjes. Met een week of twee kunnen de pups goed zien en horen.
De pups zien en horen nu welke beelden en geluiden er passen bij hun moeder, hun broertjes en zusjes en de fokker en zijn gezinsleden. Ze hebben ongeveer een week de tijd om hier volop aan te wennen. Ook gaan de pups nu voorzichtig lopen. Of eigenlijk is het meer waggelen. Het is in ieder geval wel duidelijk dat ze nu toe zijn aan de volgende stap...

De primaire socialisatiefase

Vanaf een week of drie komen de pups in de primaire socialisatiefase. Dit is waarschijnlijk de allerbelangrijkste fase in het leven van een pup en zal voor een heel groot deel bepalend zijn voor het latere gedrag van de hond. In deze fase moeten

de pups alles waarmee ze later te maken kunnen krijgen als heel normaal gaan ervaren. Ze moeten dus eigenlijk overal mee kennismaken. Het grote voordeel is dat de pups in deze periode ook heel onbevangen, leergierig en nieuwsgierig die grote wereld willen ontdekken.

Meestal verhuist de fokker de pups van een rustige naar een wat drukkere omgeving, zodat de pups hier volop nieuwe indrukken kunnen opdoen. Maar ook veel

Oogjes en oortjes nog dicht…

indrukken van buitenaf zijn essentieel voor de ontwikkeling van de pup. Hij moet uitgebreid kennismaken met allerlei soorten mensen. Van jong tot oud, van dik tot dun, van klein tot groot, van kaal tot zwaar behaard, van licht tot donker en van verlegen tot enorm druk.
De pup moet kennismaken met allerlei verschillende soorten honden. Nu is het niet nodig om als fokker te zorgen dat er meer dan driehonderd verschillende rassen over de vloer komen, maar de pup moet er wel aan wennen dat er verschillen zijn. Van groot tot klein, van jong tot oud, van kortharig tot langharig en ook het liefst met alle vormen van staart- en oordracht, zodat hij nu al leert wat hij in zijn leven allemaal kan tegenkomen. Ook moet hij wennen aan vreemde voorwerpen en daarbijbehorende geluiden, zoals vuilniszakken, vrachtwagens, uithangborden, fietsen, trimmers, stofzuigers, brommers, auto's, autobussen, treinen, trams, televisie, stereo-installaties, vallende drinkbakken, opwindpoppetjes, vliegers, sleutelbossen, enzovoort.
Gebeurt dit niet en groeien de pups op in een schuurtje achteraf, dan is de kans op asociale honden groot. Pups die de grote, enge wereld niet aankunnen of alleen maar aankunnen door enorm van zich af te bijten; voor de hond en de nieuwe baas meestal een kwelling. Dit komt alleen maar omdat de pup in de primaire socialisatiefase niet die dingen heeft leren kennen waarmee hij had moeten kennismaken. Zitten de pups dus ergens achteraf en komen ze niet vlot en vrolijk op u af, terwijl ze wel goed wakker zijn, laat ze dan liever zitten. Het is sneu voor de puppy's maar als u wel koopt, blijft de fokker op deze manier doorgaan.

Socialiseren is iets anders dan confronteren

Het is niet voldoende de pup tijdens het socialiseren alleen maar met allerlei verschillende prikkels te confronteren. We weten dan immers helemaal niet hoe hij hierop reageert. Als hij agressie vertoont en daarmee succes heeft, dan zal hij die agressie alleen maar verder ontwikkelen. Als hij angstig reageert door te vluchten, leert hij dat hij de prikkel uit de weg kan gaan. We leren hem op een verkeerde manier hiermee om te gaan. We moeten hem dus rustig laten wennen aan prikkels.

Het is daarom helemaal niet erg de pup in het begin lekker op de arm overal mee naartoe te nemen. Hij kan dan rustig, met uw steun, de wereld verkennen. Op het moment dat hij nog in u wil kruipen is hij er nog niet aan toe om zelfstandig op ontdekkingstocht te gaan. Wanneer hij heel nieuwsgierig om zich heen kijkt, kunt u hem neerzetten. En dit kan voor iedere pup op een ander moment zijn. Is hij bij een eerste kennismaking met een prikkel nog wat angstig, dan reageert u niet maar loopt u gewoon door. U zoekt een tijdje later dezelfde weer prikkel op en u zult merken dat de pup na een aantal keren doorheeft dat hij zich helemaal niet druk hoeft te maken. Hij wordt vanzelf steeds nieuwsgieriger en dan kunt u hem neerzetten.

Dominantieverhoudingen

In de primaire socialisatiefase zijn de pups onderling al heel druk bezig met dominantieverhoudingen en zijn ze zich aan het bekwamen in allerlei verschillende soorten handelingen die ze later wel eens nodig kunnen hebben; bijvoorbeeld uitdagen, verdedigen, vluchten, aanvallen, overheersen, onderwerpen en soms zelfs voortplanten. Dit gebeurt allemaal instinctmatig en het is een aandoenlijk gezicht als je een klein pupje van nog geen zeven weken zijn even oude zusje ziet bestijgen zonder dat ze weten wat ze nu eigenlijk aan het doen zijn.

De moederhond speelt hierin een belangrijke rol. Zij bepaalt de grenzen tot waar de pups mogen gaan. Ze laat ze dan ook geen stap verder zetten, ook al lijkt ze soms heel tolerant. Ze weet heel goed waar ze mee bezig is.

Vanaf een week of zeven gaat de moeder spenen. Ze wil niet dat de pups nog drinken en ze wil dat de pups meer op eigen benen gaan staan. Dit is dan ook een goed moment om de pups naar de nieuwe bazen te laten gaan. Die kunnen dan alle taken overnemen. De pup zit echter nog

Laat hem rustig wennen, steun hierbij is uitstekend

Benadering van onderaf is verstandig

steeds in de primaire socialisatiefase. Deze loopt tot ongeveer twaalf weken. De nieuwe eigenaar moet dus doorgaan met socialiseren. Een van de kenmerken van deze primaire socialisatiefase is dat de pup een enorm incasseringsvermogen heeft. Het is veel moeilijker de pup nu traumatische ervaringen te laten opdoen dan wanneer hij wat ouder is. Hier moeten we natuurlijk uitgebreid gebruik van maken.

Wennen aan andere honden

Niets is te gek op dit moment

Spelen in het teken van leren en leren en leren...

De pup moet overal mee naartoe worden genomen: de markt, het speelveld, het schoolplein, de trein in, de bus in, de winkels in, naar de dierenarts, enzovoort en op deze manier leren dat alles leuk is.
Soms zien we dat de pup, als deze net bij de nieuwe eigenaar is, allerlei nieuwe dingen nog een beetje eng vindt, ondanks dat hij in de primaire socialisatiefase zit. Dit komt waarschijnlijk omdat de pup nog niet helemaal vertrouwd is met de nieuwe roedel en niet overal de gelegenheid heeft te kunnen terugvluchten naar het vertrouwde nest. De rol van de nieuwe baas is hierbij enorm belangrijk. Hij moet zich nu al profileren als de nieuwe leider die volledig te vertrouwen is en op wie de pup kan bouwen; vanaf het moment dat de pup meegaat in de auto naar zijn nieuwe huis.

Hoe we de pup verder moeten wennen aan geluiden, vreemde voorwerpen en andere levende wezens wordt later uitgelegd. Dit is best ingewikkeld. Als u echter de juiste stappen zet, zult u uw hond steeds evenwichtiger zien worden, omdat u hem op de goede manier begeleidt.

De secundaire socialisatiefase

Vanaf twaalf weken tot de leeftijd van ongeveer een halfjaar verkeert de pup in de secundaire socialisatiefase. Deze fase wordt ook wel de angstfase genoemd. De natuurlijke nieuwsgierigheid is overgegaan in een natuurlijke neiging tot vluchten. Alles waar ze eerst onbevangen op af gingen, kan nu ineens heel eng zijn. Het herstelvermogen van de pups na vervelende ervaringen is behoorlijk afgenomen en traumatische ervaringen die ze nu opdoen laten een stevige indruk achter. Het is uw taak er, als nieuwe roedelleider,

voor te zorgen dat de pup goed door deze fase heen komt.
Deze fase heet nog steeds socialisatiefase, omdat de socialisatie eigenlijk niet voorbij is. Ook nu de pup meer de neiging heeft om te vluchten, moet hij overal mee naartoe worden genomen. U laat hem merken dat al die zaken waarmee hij had kennisgemaakt niet zijn veranderd en hij er dus nog steeds niet bang voor hoeft te zijn. Doet u dit niet dan bestaat de kans op desocialisatie. Alles waaraan hij gewend was geraakt, vergeet hij. De kans bestaat dat het, ondanks al uw werk en dat van de fokker, alsnog een bange hond wordt. En dat wil natuurlijk niemand.

Een keer snuffelen is prima, als ze daarna paarden maar wel met rust laten

Wennen aan verkeer

De puberteit

Rond een maand of zes heeft de pup zijn socialisatieperioden doorlopen. Hij kent een beetje zijn eigen kracht en is qua hoogte redelijk op maat gekomen. Nu is het dan ook tijd om te bekijken of er geen hogere plaatsen in de rangorde beschikbaar zijn.

Niets zo slungelig als een puber

De pup zal ongehoorzaam worden, niet willen komen als u roept en alle commando's die hij eerst goed kon uitvoeren, weet hij niet meer. Hij kan u dan aankijken met een blik vol verbijstering. 'Baas, wat je nu van me wilt, ik begrijp er echt helemaal niets van.' Hij zal u uitdagen, hij zal u commando's gaan geven en dus continu uitproberen hoe ver hij kan gaan. En dit hangt helemaal van u af. De puberteit duurt gemiddeld een maand of drie, maar kan bij inconsequent leiderschap van de baas uitlopen tot een jaar of twaalf. Ofwel een heel hondenleven lang. Het is dus zaak ook nu weer uw leiderschap te blijven bevestigen om hem zo snel mogelijk geestelijk volwassen te laten worden.

4

Voorbereidingen voor de nieuwe pup

Benodigdheden

Als u eenmaal weet wanneer de nieuwe pup in huis komt, moet u uiteraard een aantal voorbereidingen treffen. Een aantal zaken haalt u in ieder geval al van tevoren in huis.

Halsbandje

Als u een pup hebt uitgezocht die zal uitgroeien tot een grote hond, moet u toch een voor de pup passend halsbandje kopen. Vraag aan de fokker of u de maat van het nekje mag opmeten. Doe dit vlak voor u de hond gaat halen en koop dan een halsbandje op maat. Neem gewoon een klein leren of nylon halsbandje en geen kettingen of bandjes met allerlei toeters en bellen eraan. Dat is nergens voor nodig. U moet er wel rekening mee houden dat het pupje vrij snel groeit. U zult het bandje dus regelmatig wat moeten bijstellen. Voel bij het omdoen of er nog voldoende ruimte overblijft, zodat het bandje niet knelt. Een of twee vingers ruimte is hierbij voldoende. Niet te los en niet te strak. Het is tenslotte ook niet de bedoeling dat uw puppy zijn kopje eruit kan trekken.

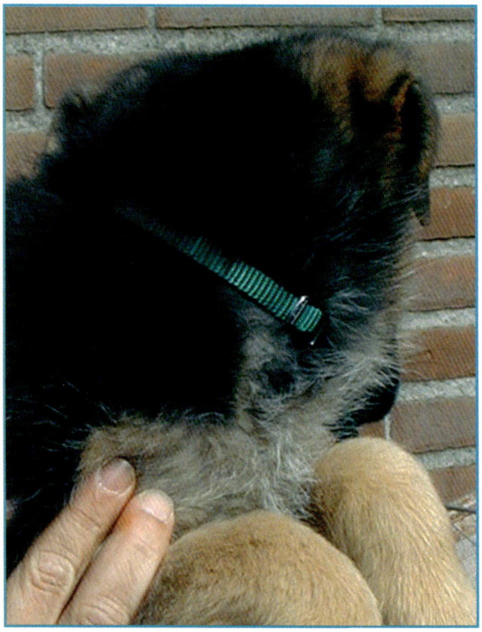

Een leren of nylon halsbandje is prima

Riempje

Een gewoon leren of nylon riempje is prima. Soms bevelen dierenwinkels een ketting in plaats van een riem aan, tegen het bijten in de riem. Als u echter als leider niet wilt dat uw hondje in de riem bijt, moet u hem dat afleren of beter nog: niet aanleren. Hiermee kunt u ook uw plaats ten opzichte de hond bevestigen. Opvoedkundig gezien is dit dus beter.

Zorg wel voor een riempje met een goede bevestigingshaak aan het halsbandje. Sommige riemen willen namelijk wel eens losschieten. Een riem met een musketonhaak is het beste.

Speeltjes

Voldoende speeltjes om de hond te vermaken zijn onontbeerlijk. We maken hierbij een onderscheid tussen speeltjes waarmee hij alleen kan spelen en speeltjes waarmee samen met de baas wordt gespeeld. Als een pup alleen speelt, zal hij doorgaans kluiven. Het is belangrijk hiervoor verantwoord kluifmateriaal te geven. Buffelhuiden kluifjes zijn heel geschikt. Wel is het verstandig even goed op te letten als deze kluiven bijna op zijn. Veel honden slikken het laatste, grote stuk het liefst in één keer door. Dit kan gevaarlijk zijn in verband met verstikkingsgevaar. Het laatste stukje kunt u beter weggooien. Geef de hond en zeker een pup geen stokken. Ze kunnen in de keel blijven steken of versplinteren. Dit geldt ook voor kippen- en varkensbotten. Ook oude kledingstukken, schoenen en dergelijke zijn geen goed speelgoed, omdat de hond deze niet kan onderscheiden van nieuwe.

Speeltjes waarmee de hond samen met de baas speelt, moeten het contact en het samen bezig zijn bevorderen. Heel geschikt hiervoor zijn flostouwen om lekker mee te sjorren, tennisballen die de pup kan apporteren, een tennisbal in een sok om mee te sjorren (dit lijkt niet meer op een gewone sok), bijtrollen, apporteerdummy's en verantwoord speelgoed dat in de dierenwinkel te verkrijgen is.

Hondensnoepjes

Een van de essentiële levensbehoeften van honden is eten. Daarom is voer ook een prima middel om de hond te belonen. We moeten er wel voor zorgen dat, als we het als beloning willen gebruiken, dit lekkerder en aparter is dan het gewone voer. Hondensnoepjes zijn geschikt als beloning. Meestal zijn de pups hier dol op. Mensenvoer of snoep is niet geschikt voor honden. Dit is te zout, te zoet of te vet.

Als een hond alleen speelt, kluift hij vaak het liefst

Een tuinstoel is wel een leuke, maar niet zo'n verstandige eigen plaats

Mand, kussen of deken

In de kamer moet de hond op een overzichtelijke plaats zijn eigen veilige plekje hebben. Als de pup voor het eerst bij u binnen is, krijgt hij allerlei nieuwe indrukken te verwerken en hij moet, om bij te komen, zich even kunnen terugtrekken. U kunt best aan de fokker vragen of u een lapje uit het nest van de pup kunt meekrijgen, dat u dan op de nieuwe plek voor de pup legt. Omdat de reuk een heel belangrijk zintuig is, zal de pup deze plek snel als heel vertrouwd ervaren. Die lap zal de pup in de loop der tijd, helemaal tot de laatste vezel verslijten.

Een grote doos of kamerkennel voor de eerste nachten

Zorg voor een doos met hoog opstaande randen. Later gaan we hier dieper op in. Ook een bench of kamerkennel is een heel goed hulpmiddel.

Voer- en drinkbakken

Het maakt niet zoveel uit wat voor bakken u neemt. Bakken met een hoge rand eromheen zijn prettig in het gebruik. Dit voorkomt zo veel mogelijk dat de pup er een smeerboel van maakt. Zorg ook dat de bakken groot genoeg zijn, zodat ze later nog steeds voldoende inhoud hebben. Ook zijn standaards te koop waarin de bakken kunnen worden geplaatst, zodat ze wat hoger staan. De hond neemt dan tijdens het eten en drinken een veel natuurlijker houding aan. Voor kleinere rassen is dit niet zo nodig, maar overleg met de fokker wat het beste is.

Adressen

Leg een lijstje met belangrijke adressen en telefoonnummers bij de telefoon, zoals het dierenpension, de dierenambulance, de dierenarts en de fokker. Ga een keer langs bij de dierenarts en informeer naar de spreekuren. U kunt dan altijd in noodgevallen snel de juiste actie ondernemen.

Adrespenning

Zorg dat de hond altijd een penning om heeft waarop uw telefoonnummer staat. Wij hebben zelf vijf dagen naar een hond gezocht die tijdens de vakantie in België was weggelopen. Ze is bij diverse mensen aan huis geweest om eten te krijgen.
Deze hebben haar allemaal weggejaagd omdat ze geen halsband om had.
Ze dachten dat het om een zwerfhond ging. Als ze een halsband met penning had gehad, met ons telefoonnummer, of dat van een contactpersoon, was ze waarschijnlijk al na een dag terecht geweest.

Chippen en registreren

Als u een rashond koopt, is de hond gechipt. Dat betekent dat hij een heel klein zendertje in de vorm van een chip onder zijn huid geplaatst heeft gekregen. Op dit zendertje staat een uniek nummer. Met een speciaal afleesapparaat kan het nummer overal worden afgelezen, zodat gemakkelijk kan worden achterhaald om welke hond het hier gaat. Dit is handig bij tentoonstellingen om te zien of de hond die geshowd wordt daadwerkelijk deze hond is, bij dekkingen om te zien of het wel echt de juiste reu en teef zijn, maar ook als een hond een keer is weggelopen. En dit geldt natuurlijk ook voor niet-rashonden. Deze honden kunnen gemakkelijk bij de dierenarts een chip krijgen. Daarna is het wel zaak dat u de hond aanmeldt bij een databank. Hier staan alle chipnummers geregistreerd met onder andere de naam en het adres van de eigenaar. Een goede databank is dag en nacht bereikbaar. Is uw hond een keer weggelopen, dan is de kans groot dat u dezelfde dag nog wordt gebeld. Voor die registratie moet u bij zowel rashonden als niet-rashonden zelf zorgen.

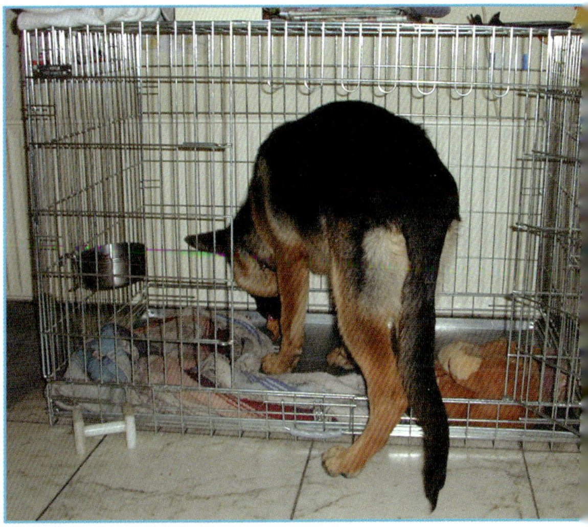

De bench, de meest ideale eigen plaats

Uiteraard is het niet verstandig een pup in een opwelling te kopen. Het moet een weloverwogen aanschaf zijn en iedereen in het gezin die met de hond te maken krijgt, moet er in principe achter staan. Ga daarom ook een paar keer naar het nest kijken. Het is tevens een goede gelegenheid de karakters van de pups in verschillende omstandigheden te bekijken. Als ze net aan het eten zijn, kunt u heel mooi aan de stand van de staartjes zien, welke pups wat dominanter zijn dan de andere. Ze hebben hun staartjes in dat geval vaak kaarsrecht omhoog staan. U kunt zien hoe ze reageren op een kluifje. Welke pup heeft dit het eerst te pakken en hoe verdedigt hij het? Hoe ze samen stoeien en welke hierbij meestal op zijn rug ligt en welke er bovenop. Op al deze kleine dingen kunt u letten en zo al een goede indruk krijgen van de pups. Een goede fokker eist overigens dat u een aantal keren komt kijken, dus u hoeft niet bang te zijn dat u te vaak komt.
U komt bij de fokker, die u eerst een kopje koffie aanbiedt. Heel vriendelijk natuurlijk, maar u wilt maar één ding. Naar de pups, zo'n bolletje wol uitkiezen. Maar dan komt vaak het moeilijkste. Welke pup moet u nu kiezen? Als u de laatste keus hebt uit een nest is dit niet zo lastig. De pup die over is, is voor u. Moeilijker is het als u uit verschillende pups moet kiezen. Overleg in zo'n geval met de fokker. Net

zoals bij kinderen uit een gezin, kunnen bij pups uit één nest de karakters behoorlijk uit elkaar liggen. Een goede fokker heeft hier inzicht in. Hij kan u vertellen welke hondjes wat zachter zijn, en welke hondjes juist bij een wat steviger baas passen. Probeer in ieder geval een hondje uit te kiezen dat qua karakter overeenstemt met uw wensen, uw karakter en dat van uw gezinsleden.
Eindelijk is dan het grote moment aangebroken. U gaat uw puppy ophalen. Gewapend met riempje, halsbandje en handdoek/ keukenrol voor onderweg (in verband met de kans op overgeven) gaat - u op weg. Probeer uw pup zo vroeg mogelijk op te halen. Hij heeft dan de hele dag om te wennen aan de nieuwe roedelgenoten en het nieuwe territorium.

5

De eerste dag in huis

Komst van de nieuwe pup

We herinneren het ons nog zo goed: de opwinding toen we onze eerste hond gingen halen. Bijna een jaar hadden we erop gewacht. We wilden alle tijd hebben om onze pup àlle aandacht te geven.
Het was bijna twee uur rijden. Bij de fokker kregen we koffie met wat lekkers. Het was tenslotte een feestelijke dag. Uiteraard was dit heel vriendelijk bedoeld. Wij doen nu hetzelfde als mensen bij ons een pup komen ophalen. Je wilt als fokker toch zo veel mogelijk goede raad en adviezen meegeven. Maar eigenlijk wilden wij alleen maar naar onze pup, en dan ermee naar huis en ermee naar buiten. Spelen en knuffelen wilden we. Na afwikkeling van de administratieve en financiële zaken gingen we dan eindelijk met onze pup naar huis. Eén van ons gewapend met een handdoek, een rol toiletpapier, een doos en het pupje op de achterbank. We voelden ons even volmaakt gelukkig.
Ik kan me voorstellen dat iedereen blij en tevreden is met en trots is op zijn nieuwe huisgenoot. We moeten echter niet vergeten hoe het pupje zich voelt en wat het allemaal doormaakt. Vreemde mensen en een heel klein territorium dat zich verplaatst en ook nog brommende geluiden maakt. Weg van de zusjes en broertjes. Weg van de moeder. Weg van het veilige,

Wij gaan het samen helemaal maken

vertrouwde nest. Het pupje krijgt heel wat te verwerken. Uiteraard kan hij dit allemaal best aan. Toch is het belangrijk hem optimaal te steunen. Want als u eenmaal thuis komt, is er weer een vreemde omgeving, met misschien weer vreemde mensen, vreemde voorwerpen en een vreemde geur. Zorg dat het pupje de tijd en de rust krijgt om te wennen. Zet hem als u binnenkomt meteen op de plaats waar u hem ook later graag wilt hebben. Leg hier zijn nestlapje en een kluifje neer. Laat hem verder lekker zijn gang gaan. Hij zal rondsnuffelen en alles onderzoeken. Allemaal reuze spannend voor hem. Loop niet de hele tijd achter hem aan en til hem niet steeds op. Als u wilt dat het pupje bij u komt, pak dan een lekker hondensnoepje, ga op uw hurken zitten en roep hem. Doe dat met een vriendelijke, vrolijke, wat hogere stem. Alsof u tegen een baby praat. De pup vindt dit leuk en hij komt bij u. U geeft hem dan het snoepje en een knuffel en u laat hem weer rustig verdergaan met het verkennen van de omgeving. Zo went de pup het snelst aan zijn nieuwe roedelgenoten en aan het nieuwe territorium.

De eigen plaats

Na verloop van tijd merkt u dat de pup toch wel wat moe wordt. Hij zal een plekje opzoeken om even lekker te slapen. Nu hebt u natuurlijk allang bepaald waar u wilt dat de pup uiteindelijk zijn eigen plek krijgt. De plaats waar hij 's nachts verblijft en waar hij moet blijven als u een keer zonder hond weg moet.

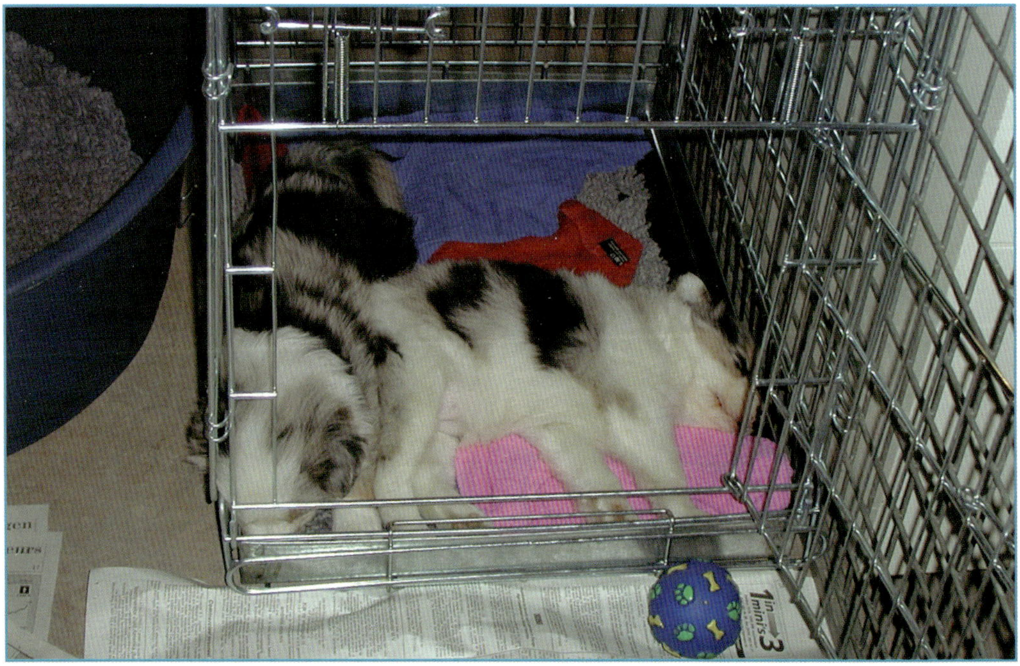

Sommige fokkers doen in het nest al aan benchtraining

'Ik ben klaar om de wereld te onderzoeken'

Als het pupje moe is en wil gaan slapen pakt u hem rustig op en brengt hem naar die plek. Ongetwijfeld worden de meeste pups weer wakker en dan blijft u er gewoon even bij. U aait en kroelt hem als het ware in slaap. Dan gaat u weg en laat hem alleen. Wel hebt u nog een lekker kluifje vlak bij hem achtergelaten. De pup krijgt nu zijn eerste alleenblijf-oefening. U gaat regelmatig even kijken of hij al wakker is. Er is grote kans dat als hij wakker wordt, hij eerst het kluifje vindt voordat hij beseft dat hij alleen gelaten is. Het is wel zaak dat u heel snel na het verorberen van het kluifje uw gezicht laat zien en uw aanwezigheid aan de pup laat merken. Zo leert de pup dat u altijd terugkomt, ook al is hij even alleen gebleven. Na een paar dagen zult u merken dat de pup uit zichzelf, als hij moe is, die plek zal opzoeken. Die plek moet wel een veilige plek zijn waar niet steeds mensen langslopen of waar de pup regelmatig wordt afgeleid. Bij het op zijn plek brengen kunt u nu al het commando 'plaats' of 'mand' geven. De pup mag op die plaats nooit worden gestoord. Het is een vervanging van het veilige nest en die plek moet altijd plezie-

'Als ik dan lekker lig, ga ik slapen'

rig blijven. Hij mag hier later ook nooit voor straf naartoe worden gestuurd. Ook visite mag niet naar de pup toe als hij in zijn mand ligt. Willen ze hem knuffelen, dan roepen ze hem maar bij zich. Eventueel met een hondensnoepje. Dan leert de pup ook meteen dat visite leuk is en geen bedreiging vormt voor zijn veilige nest. Een goed alternatief voor een mand of deken is de zogenaamde bench of kamerkennel. Deze is meestal opvouwbaar, afsluitbaar, neemt weinig plaats in en is gemakkelijk mee te nemen. Als de pup gewend is om in de kamerkennel te blijven en te slapen, kan hij gemakkelijker veilig alleen blijven en kan hij ook op bijvoorbeeld de camping, op visite, in een restaurant, aangename gast zijn.

De eerste nacht

De buren zijn al van tevoren gewaarschuwd: 'Het kunnen een paar lange nachten worden'. Maar het moet, want zo staat het in de boekjes. In de bijkeuken, de keuken of de garage wordt een plekje voor hem gemaakt met een kruik, een borstel en een wekker, want dat zou zo op zijn moeder lijken. Volgens mij lijkt dat helemaal niet op zijn moeder. Bovendien is de pup nu op een plek waar hij de hele dag nog niet is geweest en heeft hij volop de gelegenheid om zijn nest, zijn moeder en zijn broertjes en zusjes te missen. En dat zal hij laten weten ook!

Eerst piept hij zachtjes. U zegt tegen elkaar dat dit nog wel meevalt. Dan gaat hij krabben om de deur open te krijgen. U maakt

Ook op het werk een eigen plek

zich direct zorgen om de verf. Dan hoort u even niets en u denkt dat het allemaal toch nog goed komt. In werkelijkheid deed de pup even een plas. Vervolgens begint het gehuil. Van zacht naar steeds harder. U duwt de randen van uw kussen tegen uw oren en spreekt met uzelf af dat u volhoudt, terwijl u eigenlijk alleen maar heel veel medelijden hebt met dat hummeltje. Wat u ook doet, u doet het altijd verkeerd. Laat u hem janken dan leert de pup dat u niet altijd en overal voor hem klaarstaat. Voor een leider een slechte start. Gaat u naar de pup toe, dan leert hij dat het werkt. Dan wordt het leren alleen te blijven weer moeilijker. Want alleenblijven moet hij leren. In een roedel worden roedelleden nooit alleen gelaten.

Dit moet dus allemaal worden voorkomen. Net zoals alle andere oefeningen moet de pup het alleenblijven leren. We moeten hem leren dat als hij een keertje alleen is, we altijd terugkomen. Want dat is de grootste zorg van de meeste honden.
Het grote voordeel is dat puppies nog enorm veel slapen. En hiervan moeten we gebruikmaken, maar nog niet de eerste nacht. Dan mag hij mee naar de slaapkamer, in een grote doos, een kamerkennel of u zet een klein stukje van de slaapkamer af waar u zijn mand neerzet en wat kranten legt. Wanneer hij het dan wat moeilijk heeft, bent u tenminste in de buurt. U beloont hem natuurlijk *niet* voor zijn gepiep en laat merken dat er niets aan de hand is. Sommige mensen willen de pup helemaal niet op de slaapkamer hebben. Als u nu overdag het alleenblijven oefent, kan hij na een paar nachten al zonder problemen beneden blijven.

U hebt een paar dagen of zelfs een paar weken, vrij genomen voor de pup. U bent natuurlijk stapel op dat hummeltje en wat is er leuker dan hem op je buik, je schoot of zelfs in je nek te laten slapen. Hij is dan helemaal van de wereld en u straalt zo veel vertrouwen uit dat het met de relatie tussen u en de pup wel goed zit. Dit moet u echter niet te vaak doen. De pup moet leren dat u er niet altijd bent. Ook moet u het niet goed vinden dat de pup continu achter u aan loopt. De pup wordt dan veel te afhankelijk van u. Leg hem daarom regelmatig, als hij aanstalten maakt om te gaan slapen, op zijn eigen plek. Blijf erbij zitten en aai hem in slaap. Een goede gelegenheid om nu al met de aai-oefening te beginnen. Als hij slaapt, legt u wat lekkers neer, maar zo dat hij er niet wakker van wordt en u gaat weg. Als hij wakker wordt, dan vindt hij het lekkers en eet dat op. Op dat moment laat u merken dat u er nog bent en u vraagt hem op een vrolijke manier of hij lekker geslapen heeft. Maak u geen zorgen als hij daarop geen antwoord geeft, na een paar keer zal hij vrolijk op u af komen. Als dit goed gaat en dat kan al na een paar keer slapen, dan gaat u als hij slaapt even de kamer uit. U kijkt regelmatig even of hij al wakker is. Als hij wakker is dan viert u weer vrolijk uw terugkomst. Nu leert de pup dat het altijd feest is als de baas terugkomt. Na een paar dagen merkt u dat als de pup wil gaan slapen, hij zijn eigen plekje opzoekt. Nu kunt u dat plekje ook eens in de keuken of de bijkeuken maken. U blijft er weer bij totdat hij slaapt en begint de oefe-

Buiten valt er van alles te ontdekken

We zijn vaak de hele dag met het hummeltje bezig

ning vanuit deze situatie. Ondertussen hebt u de pup al eens naar zijn plaats gebracht met een kluifje. U bent tenslotte bezig met het voorkómen van voedselagressie. Met andere woorden: zijn plaats is het helemaal. Als dit allemaal lukt, legt u de pup op zijn plaats met iets lekkers en verdwijnt even als hij nog wakker is. De pup kijkt er wellicht raar van op, maar zijn kluifje is toch belangrijker. Terwijl hij nog aan het kluiven is, komt u weer terug. De periode die u weg bent, voert u langzaam op. Niet met tien minuten tegelijk maar met tien seconden per keer. Het voordeel hiervan is dat u het vaak kunt oefenen. Als hij eenmaal een minuut alleen kan blijven, kunt u de periode met minuten uitbreiden. Als hij een kwartiertje alleen kan blijven, breidt u de stappen uit met vijf minuten tegelijk. En zo gaat u verder.
Na een aantal dagen zoekt de pup iedere keer als hij wil gaan slapen zelf zijn plaats op. Ook al is die plaats in een andere ruimte dan waar u bent. Dat is het moment dat u de pup ook 's nachts alleen kunt laten. U bent een goede baas.

Het is een goed idee een kamerkennel of bench te gebruiken. Veel mensen denken dat het zielig is, de meeste honden vinden het heerlijk. Een eigen nest, veilig, vertrouwd en voor niemand bereikbaar. Wat is er veiliger. Ook hieraan moet u de pup wennen. Doe in het begin het deurtje nog niet dicht. De kans is groot dat de pup zich dan wel opgesloten voelt. Op dat moment is de bench namelijk nog niet zijn nest. Hij zoekt houvast en de eerste tijd bent u dat. Maar dan moet u er ook goed mee omgaan. Als u een prikkel hebt gevonden die bijna net zo belangrijk is als u, een lekkere kluif bijvoorbeeld, en hij is gewend aan de bench, dan kunt u de bench afsluiten. U blijft gewoon in de buurt en laat de pup lekker kluiven. Nu doet u de bench weer open, voordat de pup klaar is met kluiven. Zo leert hij dat hij zich geen zorgen hoeft te maken. Hij mag er ook weer uit. Als hij gaat piepen, negeer hem dan. Ga desnoods even weg. De pup zal van verbazing even stil zijn. Op dat moment komt u terug en laat u hem los. U hebt het initiatief weer in eigen hand en hij leert dat u terugkomt als hij stil is. Hij mag met zijn in de toekomst ongewenste gedrag namelijk nooit succes hebben. Zelfbelonend gedrag is enorm snel aangeleerd en is maar heel moeilijk weer af te leren.
Vanaf nu kunt u de bench steeds even dichtdoen als hij gaat slapen of als u ge-

Maak duidelijke afspraken over wat de hond wel en niet mag

woon wilt dat hij even op zijn plaats gaat; in dit geval de bench. U kunt zelfs nog iets verder gaan met die benchtraining. Als het zijn nest moet worden, kunt u hem ook zijn eten in de bench geven. Dan loopt hij na een paar keer al voor u uit de bench in en hier wacht op zijn beloning: het voer. U doet dan het deurtje dicht en na het eten doet u het weer open. En dan wacht u weer steeds iets langer na het eten. U kunt de bench natuurlijk ook heel spannend maken. U gooit er wat lekkers in en houdt de pup vast. U telt langzaam tot drie en dan mag hij het zelf gaan pakken. U mag de pup natuurlijk ook als hij een keer rustig in zijn bench ligt wat lekkers geven. De pup leert dan dat het heel plezierig kan zijn om rustig in de bench te liggen.

Een lijst met huisregels

In de opvoeding van honden is consequent zijn eigenlijk het grote geheim. Dat is gemakkelijker gezegd dan gedaan. Het is al niet gemakkelijk om consequent te zijn, laat staan op een hondse manier.
Verderop in dit boek staan een heleboel oefeningen met de bijbehorende commando's, die u uw hond kunt leren. Maar de honden leren ons ook een aantal commando's zonder dat we dat merken. Zo leert een pup al heel gauw dat als hij geaaid wil worden, alleen maar even met zijn snuitje onder onze hand hoeft te duwen. Hiermee geeft hij het commando: 'Baas Aai' en wat doen wij? Juist. Aaien. Een pup heeft heel snel door dat als hij een pootje geeft, hij ook mag mee-eten van het gebakje. Zijn pootje is dan het

commando: 'Geef mij ook een stukje'. En in veel gevallen krijgt hij wat. De pup wordt zindelijk gemaakt en leert dat piepen bij de voordeur of de achterdeur resulteert in een razendsnelle actie van de baas. En hij wordt nog eens extra beloond voor het aangeven dat hij naar buiten moet. Na verloop van tijd weet hij precies hoe hij zich moet gedragen als hij naar buiten wil, ook al moet hij niets. We leren het hem zelf aan. De pup graaft in de drinkbak en de baas rent al naar de keuken. Het mooiste voorbeeld is wellicht de pup die uitdagend komt aanlopen met een speeltje. Hij duikt door zijn voorpootjes en geeft het commando: 'Baas spelen'. En

Nu is opspringen nog leuk, maar wat als hij groot is?

we doen mee. Ook wij duiken door onze voorpootjes, pakken het speeltje en gaan sjorren. Als de pup wat fanatieker wordt en gaat grommen, grommen we lekker mee. Uiteindelijk laten we de pup ook nog vaak winnen, omdat we het nu wel weer genoeg vinden. De pup leert razendsnel hoe hij ons moet bespelen om dingen voor elkaar te krijgen.

Nu lijkt het een beetje of u helemaal niets meer mag. U mag niet spelen, niet knuffelen, u moet hem zijn behoefte maar binnen laten doen en hem van honger en dorst laten omkomen. Dat is natuurlijk onzin. U moet alleen het commando omdraaien en gebruikmaken van de situaties. Als hij vraagt om een knuffel, laat u hem eerst iets doen. Laat hem zitten en als hij al zit, laat hem dan liggen. Zijn beloning hiervoor is dan uw knuffel. Als hij wil spelen, roep hem dan eerst. Het speeltje netjes afgeven is een prima actie van een onderdanige hond richting een hogere baas. Als beloning hiervoor biedt u dat speeltje weer aan. Het is nu uw initiatief en uiteindelijk wint u en beëindigt u het spel en bergt u het speeltje op. Als hij uit moet – het is natuurlijk geweldig dat hij dat aangeeft – laat u hem niet drentelen, maar eerst even komen en zitten. Als beloning daarvoor tilt u hem op en gaat met hem naar buiten. Nu bent u wel de leider.

Correcties en beloningen

Honden kunnen niet lang na een actie nog even beloond of gecorrigeerd worden. Daarom moeten we gebruikmaken van het moment zelf. Kinderen kun je achteraf nog wel eens wijzen op hun daden en vertellen dat het ofwel heel goed was ofwel dat je dat nooit meer wilt horen of zien. Bij honden werkt dat niet. Dat is heel lastig. Als een pup nog niet weet waar hij wel of niet op mag kluiven, moet hij dat leren. Heeft hij een keer de tafelpoot te pakken, dan is het logisch dat u 'Laat dat' gilt. Dat is prima, want op dat moment doet de pup iets wat hij niet mag. Het is ook begrijpelijk dat we, als de pup geschrokken naar ons omkijkt, roepen: 'Dat mag niet hoor'. Dan corrigeren we hem ook voor het omkijken naar ons of het stoppen met kluiven en dat kan toch niet de bedoeling zijn. Nu moeten we hem juist direct belonen. Als u na een avondje stappen thuiskomt en u treft uw hond slapend aan bij de resten van wat eens uw bankstel was, zijn we geneigd hem er met zijn haren bij te slepen. We corrigeren hem dan echter voor het slapen of, als hij niet sliep maar vrolijk naar de deur toe kwam om ons te begroeten, voor het komen. Consequent zijn is dus echt niet gemakkelijk.

Daarom is het verstandig dat u een lijst met huisregels opstelt. Hierop moet voor alle gezinsleden duidelijk vermeld staan wat de hond wel en wat hij niet mag. Vervolgens geldt:
Wat hij wel mag, mag hij altijd en wat hij niet mag, mag hij nooit. Denk hierover goed na. Een hond die op de bank mag, mag dat natuurlijk ook als hij net door de modder heeft liggen rollen. Dit betekent weer niet dat als u visite krijgt, die maar op de grond moet zitten. U kunt de hond wel leren om van de bank af te gaan en een ander plekje te zoeken. U mag hem alleen nooit corrigeren voor het liggen op de bank, als hij dat anders wel mag. Het is nu eenmaal niet de ene keer wel en de andere keer niet.
Denk hierbij ook aan gedrag dat u niet wilt als hij groter is, maar dat nu nog leuk is. Het pupje dat altijd opspringt tegen visite zal daarvoor nu uitgebreid worden beloond. De visite vindt de pup nu eenmaal prachtig. De hond leert dat opspringen een plezierige ervaring oplevert. Als u dan later de vraag krijgt wanneer u die '...hond' dat opspringen nu eens afleert, is dat jammer. Bij alles moet u dus eigenlijk even bedenken hoe het is als hij groot is. Bij het aanleren van de oefeningen wordt hierop nog uitgebreid ingegaan.

6

Ontstaan van gedrag

Na- en meedoen

De moederhond speelt een belangrijke rol bij het gedrag van de pups bij allerlei nieuwe ervaringen. Dit gedrag wordt al in de eerste levensweken door de pups overgenomen en zal dus vrij vast verankerd zitten. Een voorbeeld is angstagressie van teven met een nest jegens vreemde mensen. Op het moment dat de teef niet toestaat dat de pups worden benaderd door vreemde mensen is de kans groot dat de pups eenzelfde houding krijgen tegenover mensen. Als de teef vlucht en de pups hebben dit door, dan is het absoluut niet uitgesloten dat de pups ook bang worden. Is de teef daarentegen erg rustig en tolerant, dan brengt ze dit ook over op de pups. Soms vertonen pups alleen maar dit gedrag omdat de moeder dat ook vertoont en zijn ze helemaal niet zo bang. We spreken dan niet over imitatie maar over stemmingsoverdracht. Pas als de pup dit gedrag ook vertoont als de moeder afwezig is, moeten we ons wat zorgen gaan maken, want dan leert hij dit gedrag aan en moeten wij ons best doen dit af te leren.

Conditioneren

Naast het na- en meedoen in de eerste paar weken leren honden voornamelijk door middel van conditioneren. Dit is een mooi woord voor gewoontevorming.

Eten uit zijn eigen bak

Dit houdt eigenlijk in dat als een hond verschillende keren eenzelfde ervaring opdoet, hij de handelingen die leiden tot die ervaring of de prikkel die ervoor zorgt dat die ervaring optreedt, gaat herkennen of onthouden. Afhankelijk van hoe sterk de prikkel is en hoeveel plezier of leed hij beleeft aan die ervaring, zal de hond sneller of langzamer geneigd zijn het gedrag te vertonen. Zo zal een hond die in de bosjes een stuk heerlijke biefstuk vindt graag terugkeren naar die bosjes en de hond die met zijn neus in een muizenval loopt die bosjes ontwijken. En zo is het eigenlijk met al het gedrag van de hond. Natuurlijk gedraagt een hond zich instinctmatig, maar de positieve ervaring die de hond opdoet met zijn handelingen zal zorgen voor versterking van het gedrag. Treedt dit vaak genoeg op dan zal het gedrag een gewoonte worden en spreken we van geconditioneerd gedrag. Een hond kan ook prikkels gaan combineren. Dit weten we eigenlijk allang, alleen zijn we ons er niet zo van bewust. Een hond kan bijvoorbeeld door zijn achterpoten zakken als hij het commando `zit' krijgt. Hij koppelt zijn eigen handeling aan het woordje 'zit' en weet vervolgens dat daar een beloning op kan volgen.

Wij moeten ons als bazen goed bewust zijn van het leergedrag van onze honden. Heel vaak gaan we daar veel te menselijk mee om. Het is niet meer mogelijk honden helemaal te vergelijken met wolven. Wij moeten rekening houden met hun nieuwe functie als huishond. Een mooi voorbeeld hiervan is de omgang met voedsel en kluiven. In de natuur is het heel normaal dat iedere roedelgenoot het voer dat hij in zijn bezit heeft met hand en tand verdedigt. Ongeacht de plaats die hij in de roedel inneemt. Deze situatie is natuurlijk enorm gevaarlijk in de huiselijke omgeving.

Als niemand meer langs de hond kan lopen als hij staat te eten of een kluif heeft, is de lol er natuurlijk gauw van af. Hieraan moet de fokker al werken, vanaf het moment dat de pups vast voedsel gaan eten. Want bij hun moeder is de voernijd al aangewakkerd. De pups moeten immers 'vechten' om de beste tepel. Als de fokker dan ook nog eens vrij kleine etensbakken neerzet waar alle pups zich op mogen storten dan leren de pups dat veroveren en behouden van hun plek bij die etensbak van levensbelang is. Hierop worden ze tenslotte geconditioneerd. Uit onderzoek blijkt dat de kans op voernijd veel kleiner is, als de fokker de pups ieder een eigen bak geeft en oplet dat ze alleen de eigen bak leegeten. Nu worden ze geconditioneerd op het feit dat het verdedigen helemaal niet zo belangrijk is. Vervolgens moet de baas de pup leren dat als hij aan zijn voerbak komt, de pup er alleen maar beter van wordt. De pup zal dan rustig afwachten wat er nu weer voor lekkers wordt toegevoegd aan zijn etensbak. De hond is dus in staat te leren.

Met dit leergedrag van honden moeten wij ook weer leren omgaan. Dat is best lastig. Helaas is het niet mogelijk hiervoor een eenduidig beeld te scheppen voor alle honden. Wat voor de ene hond een belangrijke prikkel is, is voor de andere hond absoluut niet interessant.

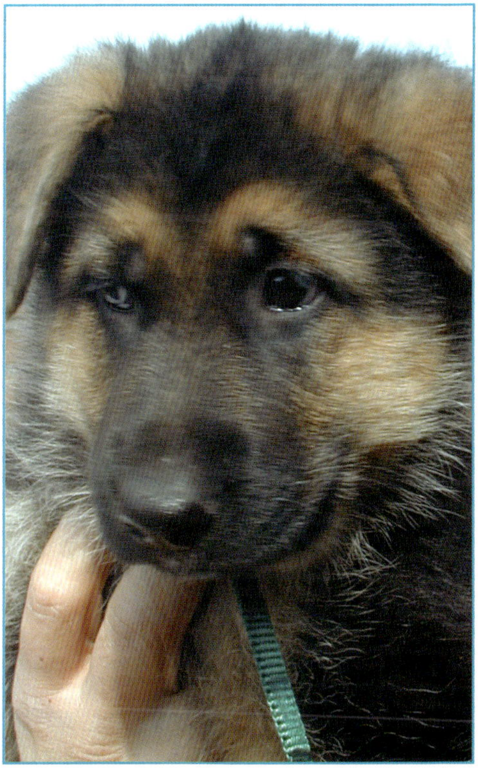

Als een hond een boterham met pindakaas vindt in de bosjes, zal hij vervolgens alle bosjes afstruinen. Als hij maar vaak genoeg een boterham met pindakaas vindt, zal hij zijn gedrag steeds vaker vertonen. Hij zoekt nog meer bosjes op. Als een hond zijn neus brandt aan een kachel zal hij uit de buurt van die kachel blijven. In theorie zou je dus een hond die de bosjes afstruint op zoek naar die boterham met pindakaas, dat kunnen afleren door bijvoorbeeld die boterham te leggen op een warme kachel. Dat kan natuurlijk alleen in theorie. Het gaat om het idee. De ene hond zal inderdaad die kachel mijden en de andere hond zal die boterham veel interessanter vinden dan de pijn van de kachel en toch doorgaan. Daar valt van tevoren niets over te zeggen. Een andere mogelijkheid is de boterham weg te halen. De hond ging altijd de bosjes in en had steeds succes. Nu niet meer. Hij vindt geen boterham meer. Het gedrag zal nu vanzelf afnemen. Het kan ook zijn dat één keer weer een korstje vinden, genoeg aanleiding is om opnieuw continu de bosjes af te struinen. Dat hangt af van het belang van die boterham voor de hond. Er zijn ook honden die het absoluut niet meer interessant vinden om verder te zoeken.

Het gedrag kan ook worden omgebogen. Weer een andere variant. Het gaat buiten natuurlijk niet alleen om die ene prikkel. Er zijn talloze prikkels die de hond aanspreken. Hij pikt daaruit de voor hem meest interessante. Als de baas nu zorgt voor een boterham met leverworst, die de

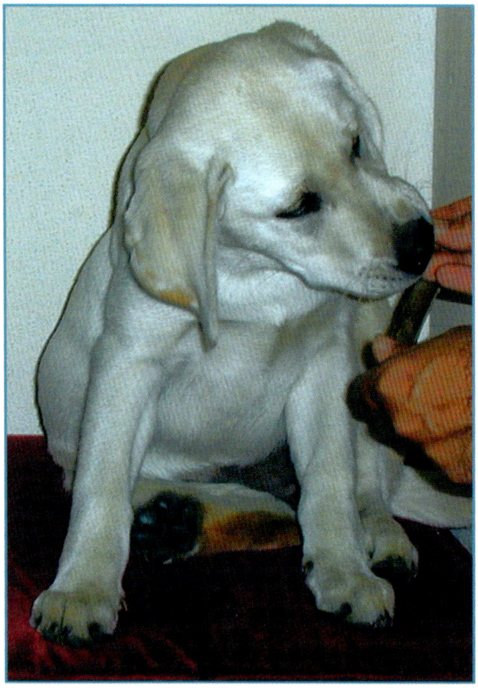

hond wellicht nog lekkerder vindt dan die boterham met pindakaas, moet de hond dus kiezen. De kans is groot dat hij dan ook het afstruinen van de bosjes uit zijn hoofd laat, omdat hij weet dat de baas nog interessanter is. Hier is wel een waarschuwing op zijn plaats, want zoals eerder opgemerkt, honden kunnen combineren. Er zijn slimmeriken die doorhebben dat als ze richting bosjes lopen, de baas een boterham met leverworst te voorschijn haalt. Ze gaan dan hierop anticiperen en vervolgens zijn ze weer niet uit de bosjes weg te slaan. Hier moet dus niet op worden ingegaan. De baas mag dit gedrag niet belonen, opdat de hond leert dat dit niet werkt. De baas moet zorgen dat gewenst gedrag wordt beloond en er bijvoorbeeld een handeling aan koppelen die de hond prettig vindt. Niet richting de bosjes lopen, maar het af en toe bij de baas komen, is plezierig gedrag. Af en toe even zijn neus laten zien is voor de baas een teken dat de hond graag naar hem toe komt. Als de baas nu maar zorgt dat de hond regelmatig, dit hoeft echt niet altijd, succes heeft met dit gedrag, zal dit gedrag alleen maar worden versterkt. Waarbij we natuurlijk ook moeten beseffen dat als de baas nooit meer iets plezierigs heeft voor de hond, het gedrag weer uitdooft en de hond op zoek zal gaan naar andere voor hem interessante zaken. Zolang hij daar tenminste weer een plezierige ervaring opdoet.

U moet goed leren kijken naar uw hond en leren beoordelen wat voor de hond een reden kan zijn om bepaald gedrag te vertonen. U moet dan voor uzelf nagaan of dit gedrag gewenst is en wat voor beloning of straf u er tegenover moet zetten om het gedrag te versterken of juist te laten afnemen. We zijn allemaal geneigd om bij ongewenst gedrag te kiezen voor correcties. Inmiddels weten we dat dit lang niet altijd het beste is. Het weghalen van de prikkel, ervoor zorgen dat de hond geen succes heeft met zijn gedrag en er andere sterkere prikkels tegenover stellen, waarbij de kans groot is dat de hond kiest voor het goede gedrag, werkt vele malen beter. Hiervoor is de volgende methode ontwikkeld.

De Black Box Methode

Wanneer we de opvoeding en training van honden over de afgelopen tien jaar bekijken, dan is er nogal wat veranderd. Er is een behoorlijk aantal nieuwe methoden bijgekomen en elke methode kent zijn eigen volgelingen. Bij verdere analyse blijkt dat veel van die methoden gebaseerd zijn op aspecten van één en hetzelfde leerprincipe. Het leerprincipe waarmee ieder levend wezen ervaringen opdoet, verwerkt, beoordeelt, rangschikt en wegstopt om ze in een volgende, vergelijkbare, situatie weer op te roepen en er adequaat mee om te gaan.

Leren vanaf geboorte

Ieder wezen leert vanaf de geboorte. Als we ons beperken tot de honden, dan kan de conclusie luiden dat ze direct beginnen met leren. Sommige gedragingen zijn voorgeprogrammeerd zoals het sluiten van de mond rond de tepel en de zuigreflex. Dit gedrag blijft echter alleen maar in stand als de honden er een positieve ervaring mee opdoen. Als een pup voor het eerst gaat lopen, is hij topzwaar en stoot zijn neus vaak tegen de grond, omdat hij voorover kantelt. Pas als hij geleerd heeft zijn spieren op een juiste manier aan te spannen, kan hij zijn kopje rechtop houden. Sommigen zeggen dat dit met ontwikkeling te maken heeft. Wellicht is dat zo, maar die spieren kunnen zich alleen maar verder ontwikkelen als ze worden aangespannen en dat moet de pup zelf doen. Als pups voor de eerste keer melk in een bakje krijgen, is het verschrikkelijk leuk om te zien dat ze in eerste instantie hun mondje tuiten alsof ze bij een tepel zitten. Pas als ze hun tongetje op een andere wijze gebruiken, krijgen ze de melk naar binnen. Dat hebben ze dan geleerd. We kunnen stellen dat alle levende wezens leren.

Komen bij de baas is geweldig

Aanleg

Wil gedrag bij een hond tot uiting komen dan moet hij wel de genetische aanleg ervoor hebben. Het is interessant om een Basenji als waakhond aan te schaffen, maar wat je ook doet: hij zal nooit blaffen tegen vreemden. Een Basenji kan namelijk niet blaffen. Je kunt een hond niet leren een pot pindakaas open te draaien: hij mist de duim die daarvoor noodzakelijk is. Een hond kan wel bijten, rennen, zitten, liggen en staan, hij kan door zijn voorpoten zakken, hij kan zijn poot optillen, hij kan (behalve dan de Basenji) blaffen en grommen en hij kan ook zijn tanden laten zien. Hij kan al het gedrag dat hij in aanleg heeft ook vertonen. Om er een fijne huishond van te maken, of om er topsport mee te bedrijven moeten wij ervoor zorgen dat de hond op het moment dat wij dat willen, gedrag laat zien dat wij graag zien en waarvoor hij aanleg heeft en dat hij gedrag achterwege laat dat wij niet zo graag zien, maar waarvoor hij ook aanleg heeft. Dat betekent dat wij moeten leren de hond te sturen.

Ervaringen

Als een hond iets nieuws tegenkomt in een voor hem volkomen onbekende situatie, zal hij in eerste instantie niet anders kunnen dan reageren vanuit zijn genetische aanleg. Vervolgens zal hij met die reactie een bepaalde ervaring opdoen. Op basis van die ervaring zal hij dan een volgende keer besluiten op dezelfde manier te reageren of juist voor ander gedrag kiezen. Uiteraard is dat afhankelijk van de ervaring. Was die plezierig dan zal hij hoogstwaarschijnlijk hetzelfde doen, was die ervaring niet-plezierig dan zal hij kiezen voor iets anders.

Voorkeurslijstje

Als je tien honden voor het eerst met iets volkomen nieuws confronteert, krijg je waarschijnlijk tien verschillende reacties. Toch kunnen ze alleen maar reageren op basis van hun genetische aanleg. Dat betekent dus automatisch dat ze in aanleg verschillen. Om die reden gaan we ervan uit dat iedere hond op basis van zijn aanleg een voorkeurslijst heeft met een geprogrammeerde volgorde van gedragingen. Bij de ene hond staat onderzoeken bovenaan, dan komt grommen, dan weglopen, dan blaffen, dan rennen en dan steun zoeken bij de baas. Een andere hond zal eerst kiezen voor wijken, dan grommen, dan blaffen, dan onderzoeken. We weten dat niet van tevoren. We gaan ervan uit dat het gedrag van de hond bepalend is voor de ervaring die hij opdoet.
Een probleem kan zijn dat een hond met zijn gedrag wellicht zelf vindt dat de ervaring die hij ermee opdoet plezierig is, zodat hij de volgende keer weer zal kiezen voor dit gedrag in eenzelfde situatie, maar dat wij dat gedrag helemaal niet zo plezierig vinden. Hij kan een keer snuffelen aan de vuilnisbak en die vervolgens omduwen, omdat de etensresten van gisteren toch wel erg lekker ruiken. Zo kan hij vervolgens leren dat als hij die vuilnisbak omduwt, daar erg lekker eten uit te voorschijn komt. Eigenlijk allemaal heel plezierige ervaringen voor de hond. Alleen

zullen wij dat gedrag, het omduwen van de vuilnisbak, niet zo op prijs stellen.
We weten dat het over een hond heen buigen heel dominant kan overkomen. We weten dat aanstaren een vorm van dreigen is. En we weten ook dat het laten zien van de tanden pure agressie is. Toch zien we hoe de visite als ze de pup voor de eerste keer zien, zich over de pup heen buigt, naar hem kijkt en hem lachend (met ontblote tanden) toespreekt. Dit kan heel bedreigend zijn voor de pup. Als hij op dat moment 'uitvallen' boven aan zijn voorkeurslijstje heeft staan, dan zal hij dat doen. Vervolgens gaat het erom hoe de visite, die alleen maar aardig tegen de pup wilde doen, reageert. In de meeste gevallen schrikken ze zich naar, komen overeind en lopen weg. En dat is nu vaak net wat de pup graag wil. Hij vertoont agressie om de dreiging te laten afnemen. En daarmee heeft hij dus succes. Het vertonen van agressie in deze situatie blijft dus boven aan zijn voorkeurslijstje staan.

Opvoeden is eigenlijk niets anders dan te zorgen dat de hond het gedrag dat wij ook graag zien, boven aan zijn voorkeurslijstje plaatst. Dat betekent dat wij vanaf het eerste begin dat de hond in huis is moeten leren goed te kijken naar het gedrag van de hond en of wij dat plezierig vinden. Vervolgens gaan we werken aan beïnvloeding van dat voorkeurgedrag.

De aanleg verandert

Opvoeden van een hond duurt anderhalf tot twee jaar. Dit is een beetje afhankelijk van het ras. Kleine rassen zijn iets eerder volwassen, grote rassen iets later. Al eerder is aangegeven dat pups op de weg naar volwassenheid een aantal fasen doorlopen. Iedere fase heeft zijn eigen specifieke kenmerken, waarmee we tijdens de opvoeding wel terdege rekening zullen moeten houden. We geven opnieuw een beschrijving van de fasen, maar nu helemaal in het kader van de gedragsontwikkeling.

Vegetatieve fase

De vegetatieve fase loopt tot de leeftijd van twee weken; eigenlijk groeien, eten en drinken de pups alleen maar. Hun leerprocessen zijn nog niet of nauwelijks ontwikkeld. In deze fase hoeven we ons dus eigenlijk nog niet zo met de pups bezig te houden.

Overgangsfase

In de overgangsfase, die loopt van twee tot drie weken gaan de pups zien en horen, hun eerste schrikreacties zijn waarneembaar, de pups gaan lopen en kwispelen, ze kunnen nu zelfstandig ontlasten en doen dat dan het liefst buiten de werpkist, ze gaan zelfstandig drinken uit een bak. Verder, en dat is eigenlijk het belangrijkst, begint hun onderzoeksgedrag zich te ontwikkelen en beginnen ze te leren. En hier begint onze inbreng.
In de natuur moeten ze de natuur leren kennen. Onze huishond moet veel meer. Hij ontmoet allerlei andere wezens, hij leert om te gaan met de meest vreemde voorwerpen zoals auto's en brommers en stofzuigers en vuilniszakken. En dan moet hij ook nog de taal van andere levende wezens leren. Zo leert hij bijvoorbeeld dat als mensen lachen en dus hun tanden laten zien, dat niets met agressie van die

mensen te maken heeft. Hij moet leren dat mensen hun handen en eigenlijk hun hele lichaam heel anders gebruiken. Hij moet leren dat er katten zijn, die blazen en kopjes geven, en dat mensen er heel anders kunnen uitzien. Hij moet zelfs leren dat honden er heel anders kunnen uitzien. Allemaal zaken die je in de natuur niet hoeft te weten.

Primaire socialisatiefase

De primaire socialisatiefase loopt van drie tot twaalf weken. In deze fase krijgen we voor het eerst op een belangrijke manier te maken met de aanleg van de puppy's. In deze periode ondergaat ook het zenuwstelsel een aantal veranderingen. Een van de belangrijkste kenmerken is dat puppy's tot de leeftijd van vijf weken nog niet echt bang kunnen worden of in paniek kunnen raken. Hun zenuwstelsel is er gewoon nog niet klaar voor. Daarom is het belangrijk dat pups in deze periode, tussen de drie en de vijf weken, al met van alles kennismaken. Een vallende en rammelende voerbak kan ervoor zorgen dat ze opkijken. Omdat ze niet de neiging hebben om te vluchten (die is namelijk nog niet ontwikkeld), zullen ze allerlei geluiden en beelden van vreemde voorwerpen heel gelaten opslaan. En dat is nu juist zo belangrijk. Want met hun gedrag, in dit geval even schrikken en als het ware de schouders ophalen, doen ze wel een heel belangrijke ervaring op. En vanaf dat moment, mits deze prikkels en deze ervaringen voldoende worden herhaald, wordt dit gedrag behoorlijk verankerd boven aan het voorkeurslijstje van de hond. Met andere woorden: de pups staan in hun gedrag helemaal open voor ervaringen, gebaseerd op allerlei dingen die ze in hun latere leven regelmatig tegenkomen.
Vanaf de leeftijd van zeven weken komt er verandering in de aanleg van de pups. In plaats van overal heel nieuwsgierig op af te gaan, worden ze wat voorzichtiger. Het onderzoeken en benaderen van nieuwe prikkels verandert in ontwijken en vluchten voor nieuwe prikkels. En in deze periode (vanaf ongeveer zeven weken) gaat de pup van de fokker naar de nieuwe eigenaar. Nog steeds overheerst de aanleg om te onderzoeken en te benaderen en de nieuwe eigenaar moet hiervan goed gebruikmaken.

Secundaire socialisatiefase

Vanaf de leeftijd van twaalf weken is de aanleg om te benaderen en te onderzoeken volledig vervangen door de aanleg om te vluchten en/ of te ontwijken. Maar dan gaat het om nieuwe prikkels. Als de pup voldoende goede ervaringen heeft opgedaan in de primaire socialisatiefase, dan zijn deze prikkels namelijk niet meer nieuw. De kans is groot dat het gedrag dat, op basis van al zijn eerder opgedane ervaringen boven aan zijn voorkeurslijst staat, zodanig verankerd is dat de hond gewoon blijft reageren zoals hij al deed.
Verder gebeurt er nog iets anders. Als een pup tot de leeftijd van twaalf weken goed is gesocialiseerd dan is hij in staat om de dingen die hij in zijn leven heeft geleerd, te projecteren op andere situaties. Is hij veel meegenomen naar de markt, dan is het winkelcentrum ook geen probleem. Heeft hij geleerd dat kinderen leuk zijn, dan vormen ook de kinderen van uw verre familie die een keer op bezoek komen, geen enkel probleem. Heeft hij kennisgemaakt met honden van andere rassen,

dan gebeurt er niets wanneer hij dat andere ras een keer tegenkomt.
Komt hij al die nieuwe prikkels echter pas voor de eerste keer tegen in de secundaire socialisatiefase, dan lukt dat allemaal niet meer. Dan zal hij apart moeten wennen aan kinderen, aan honden van andere rassen en zijn ook het winkelcentrum, de markt en het treinstation volkomen andere situaties. Het is dus van groot belang dat de hond kennismaakt met allerlei prikkels in de primaire socialisatiefase en dat de baas die prikkels blijft toedienen in de secundaire socialisatiefase.

Puberteit

Rond de leeftijd van zes maanden komen honden in de puberteit. Over deze puberteit valt een apart boek te schrijven. De hond heeft inmiddels zijn kracht leren kennen, hij kan een aanleg tot leiderschap verder hebben ontwikkeld, zijn hormonen beginnen op te spelen en zijn aanleg is dus opnieuw aan het veranderen. Bij het aanleren van oefeningen gaan we hiervan dan ook uit.

Oefeningen

Er is een aantal oefeningen dat heel geschikt is om uw leiderspositie ten opzichte van uw hond aan te geven. Bovendien zijn deze oefeningen zo praktijkgericht dat het haast routine kan worden om te oefenen. Dat betekent dat u de handelingen die bij de oefeningen horen als een tweede moedertaal moet aanleren. Beheerst u dit dan zult u merken dat u in bijna iedere situatie waarin u met uw hond terechtkomt weet hoe u moet handelen.

U moet hierbij wel bedenken dat een hond ook moet leren wat een commando betekent en welke handelingen er van hem worden verwacht. Duidelijkheid is hierbij de sleutel. Ook de hond moet een taal leren 'verstaan'. Een hond zal zijn baas zeker niet begrijpen als deze het heeft over 'zit', 'ga zitten', 'zit, zit, zit', 'ga nu eens zitten', 'mooi zitten' en 'schiet je nu op'.
Vergelijk dit met het aanleren van een vreemde taal waarbij u ineens met vijf synoniemen voor het woord stoel te maken krijgt.
Bij alle oefeningen gaan we ervan uit dat u de hond moet leren wat alles betekent. We kunnen hierin verschillende fasen onderscheiden.

Aanleerfase

Allereerst is er de aanleerfase. Hierin moet u de hond nog helemaal begeleiden bij het uitvoeren van de handelingen. Hij snapt er waarschijnlijk nog niet zo heel veel van, maar herhaling doet wonderen. Na verloop van tijd begint hij door te krijgen wat er van hem wordt verlangd. Nog belangrijker is dat u gaat inzien en gaat leren hoe u uw hond allerlei dingen kunt laten doen. U mag hierbij van alles proberen, als u zich maar realiseert dat de hond nog steeds geen Nederlands spreekt. Hij reageert dus op uw gebaren. Een mooi voorbeeld is uw hand met een lekker hondensnoepje erin. Als het goed is, kunt u hem hiermee alle kanten opsturen. Probeer het maar. Als u nu, zonder iets te zeggen, uw hand hoog houdt, is de kans groot dat hij opspringt. Als u dat gedrag later niet wilt, geeft u hem het snoepje niet. U probeert dus van alles, maar u geeft het snoepje alleen maar als de hond doet wat u hem graag zou willen aanleren. Eigenlijk is de aanleerfase dus voor de baas.

Oefenfase

U weet inmiddels welke handelingen u moet doen om de hond te laten uitvoeren wat u graag wilt zien. U bent hierin heel duidelijk en het moment is aangebroken om stemcommando's toe te voegen. Op deze manier leert de hond, zonder in de war te raken, welk stemcommando bij welke handeling van hem hoort. U weet bijvoorbeeld precies hoe u uw hond in de zitpositie moet brengen. Op het moment dat de hond in beweging komt, geeft u het commando. U hoeft zich nu geen zorgen te maken dat u nu nog 'zit' zegt op het moment dat hij net wil opspringen of achteruit wil lopen. Dit werkt dus allemaal veel effectiever. Heel langzaam gaan we de oefeningen ook in verschillende situaties doen. De omgeving verandert, maar uw houding en de gewenste handelingen blijven hetzelfde. De hond koppelt de oefening niet meer aan één bepaalde situatie, bijvoorbeeld het trainingsterrein.

Uitbreidingsfase

In de uitbreidingsfase worden de hulpmiddelen wat afgebouwd. Aan zijn gedrag kunt u zien of de hond hieraan toe is. Hij weet al goed welke handelingen er op elkaar volgen. Hij zal hierop gaan anticiperen. Daarvan maken we dan ook volop gebruik. Even wachten met een handeling, als de hond de oefening dan toch uitvoert, is deze handeling overbodig geworden.

Beheersfase

De hond beheerst de oefening nu. We moeten ons wel realiseren dat de hond de oefening uitvoert met een bepaalde verwachting: de beloning. Als hij die beloning nooit meer krijgt, komt zijn verwachting niet meer uit. We lopen daardoor het risico dat de hond de oefening niet meer uitvoert. Bij veel trainingen wordt er dan gezegd dat de hond moet worden gecorrigeerd. 'Hij weet het allemaal best en probeert alleen maar onder het gezag uit te komen.' Wat de instructeurs en bazen zich niet realiseren is dat men de reden dat de hond de oefening uitvoert volledig aan het veranderen is. Was het eerst omdat de hond wist dat er iets leuks zou komen, nu is het omdat hij anders op zijn kop krijgt. Een totaal andere benadering die past bij de trainingen van tien jaar geleden. Het aanleren mag dan anders gaan, voor de rest valt men nog steeds terug op oude gewoonten. En dat is erg jammer. Dan hebben die eerste paar weken 'leuk' trainen ook weinig zin gehad. We gaan er dus van uit dat de hond geen hulpmiddelen meer nodig mag hebben. Dit betekent zeker niet dat u die hulpmiddelen niet meer mag gebruiken. Integendeel. U moet ze nog regelmatig gebruiken. Alleen mag de hond van tevoren niet precies weten wanneer. Dan blijft het spannend.

Werken met snoepjes

Als we praten over het gebruik van snoepjes dan bedoelen we eigenlijk altijd hondensnoepjes, tenzij dit anders is aangegeven. Voedsel is voor alle levende wezens van essentieel belang, omdat ze zonder voedsel doodgaan. Vandaar dat voer een uitstekende beloning is. Geen hond doet zomaar iets voor zijn baas. Hij vertoont alleen maar gedrag, omdat hij bepaalde verwachtingen heeft over de gevolgen van zijn gedrag. Hoe prettiger en plezieriger die verwachting is, hoe liever de hond het gedrag zal vertonen. Als we de hond echter aanleren dat hij gedrag moet vertonen omdat hij anders wordt afgestraft, dan zal zig is hij zijn beloning niet krijgt. Houd desnoods het snoepje in uw dichte vuist. Honden ruiken genoeg om het toch interessant te blijven vinden. Pas op het moment dat de hond ophoudt ernaar te happen en vertwijfeld nadenkt hoe hij dat snoepje dan wel kan pakken, doet u uw hand open. Hij heeft dus pas succes als hij er niet naar hapt. Hiervan moet u een

'Gaan zitten voor een snoepje en wachten tot ik het krijg...'

hij dit gedrag wel vertonen maar het plezier is er vanaf. Dat is jammer en bovendien onnodig.
Wel moeten we zorgen dat honden niet gaan happen naar het voer. Dat betekent bij alle oefeningen dat als een pup te gulgewoonte maken. Is uw hond erg 'happerig' dan kunt u hiervan zelfs een oefening maken.
Zo leert uw hond tegelijkertijd zich beter te beheersen. Dit is weer handig wanneer we de oefeningen gaan uitbreiden.

'Ik heb er alle vertrouwen in dat het snoepje komt...'

Aandacht vragen

Wellicht de belangrijkste oefening is het aandacht vragen. Aandacht vragen doet u met behulp van de naam van de pup. De pup heeft tenslotte niet voor niets een naam gekregen. Bij het horen van zijn naam moet de pup alles waar hij mee bezig is direct laten liggen, om te horen wat voor spannends de baas nu weer heeft bedacht. Het gekke is dat als je in het park loopt en er wordt een naam genoemd van een hond, dit in de meeste gevallen boos gebeurt. De hond mag niet naar die andere hond, de hond mag niet het water in of de hond moet nu eindelijk eens komen. De naam wordt alleen maar voor het corrigeren gebruikt en krijgt zo een negatieve associatie voor de hond. De hond zal dan ook niet meer vrolijk en uitbundig reageren op zijn naam. Wij hebben dit de honden verkeerd aangeleerd. Het mag duidelijk zijn dat iedere hond wel uitbundig kan reageren, op verschillende prikkels zelfs. Van het woordje 'uit' gaat de hond helemaal uit zijn dak. Het ritselen van een snoeppapiertje of openscheuren van een zakje chips zijn betere commando's voor het komen dan het woordje 'hier'. Veel honden gaan er zelfs uit zichzelf al voor zitten, als ze gekomen zijn voor iets lekkers. Het kan dus wel: honden zijn enthousiast te krijgen. Hiervan moeten we uitgebreid gebruikmaken. Soms wordt geleerd om de woorden 'let op' of 'kijk eens' te gebruiken. Alsof alle honden nu ineens 'let op' of 'kijk eens' heten. Als we het goed aanpakken en onze stem goed gebruiken, kan er al genoeg verwachting doorklinken in alleen het noemen van de naam.

Aanleerfase

Pak een lekker hondensnoepje en houd dit duidelijk zichtbaar in uw hand. Zorg dat u vlak bij de hond staat en noem heel vrolijk zijn naam. Om uit te vinden welke intonatie u moet gebruiken om uw hond attent te krijgen, kunt u beginnen met een vrij lage stem. Verhoog uw stem nu steeds meer tot het moment dat de hond kijkt. Dan krijgt hij direct het hondensnoepje en u juicht en bent zo blij dat iedereen, dus ook de hond, hiervan heel vrolijk wordt. Dit oefent u een paar keer waarbij u na een keer of vijf alleen nog die intonatie gebruikt die nodig is om zijn aandacht te krijgen.

Oefenfase

U gaat op allerlei verschillende plekken de aandacht van de hond vragen. Zorg wel dat u steeds in de buurt bent, in de keuken, op straat, in de kamer, enzovoort.

Uitbreidingsfase

U geeft, als de hond eenmaal verwachtingsvol naar u kijkt, het snoepje niet direct. U gaat proberen de aandacht vast te houden. Eerst één tel, dan twee tellen, enzovoort. Bouw dit heel langzaam op. Houd zijn aandacht vast door hem `op spannende toon' te vertellen dat u nu

Sturen in alle mogelijke posities

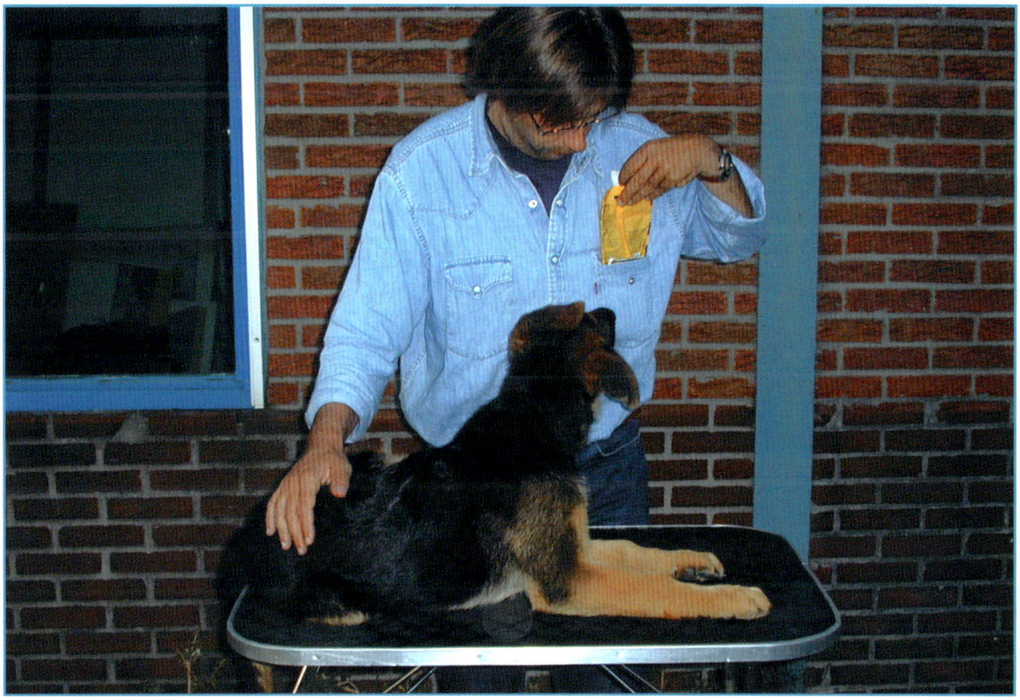

'Als jij met je hand omhoog gaat, kom ik mee'

toch wel iets héél erg lekkers in uw handen hebt.
Ga ook oefenen met meer afleiding. U moet er tenslotte voor zorgen dat u voor de hond de allerbelangrijkste prikkel van de hele wereld wordt. Laat iemand anders in de kamer dansen op muziek, of laat de kinderen achter elkaar aanrennen door de kamer. Als de pup een andere prikkel heel erg leuk vindt, bijna leuker dan die van u, dan kunt u die prikkel ook als beloning gaan gebruiken. Hij kijkt even naar u op bij het noemen van zijn naam en vervolgens mag hij als beloning naar die andere prikkel toe. Bedenk wel dat dit geen prikkels mogen zijn die later weer worden verboden. Als hij erg geïnteresseerd is in bijvoorbeeld schapen dan mag hij daar natuurlijk niet naar toe. Naast het snoepje kunt u nu ook met een speeltje gaan oefenen als beloning. Lees dan wel eerst de oefening 'Spelen' goed door.

'Daar komt het dus vandaan'

Beheersfase
De hond beheerst de oefening en kijkt iedere keer als u hem roept verwachtingsvol op. Deze oefening kan steeds weer uitgebreid worden. U moet de afstand gaan opbouwen en de hond moet leren dat na het noemen van zijn naam ook een commando voor een andere oefening kan volgen. Als u het maar afwisselt. Verder komt de uitbreiding vanzelf bij de fasen van de andere oefeningen.

Aaien

Veel honden vinden het heerlijk om te worden geaaid. Toch zien we vaak dat honden het minder prettig vinden als de baas om een andere reden aan ze komt. Dit komt meestal omdat de baas zich dan heel anders opstelt en er vaak iets minder leuks gebeurt. Het excuus is dan veelal dat de hond hieraan maar moet wennen. Maar als de baas pas aan de oren van de hond komt als de hond met zijn kop schudt en dus last heeft van die oren, dan is dat niet bepaald de meest positieve ervaring. Als de baas pas naar de vacht van de hond kijkt als er klitten in zitten, die er ook weer uit moeten, dan krijgt de hond er vanzelf een hekel aan dat de baas aan zijn achterkant zit. Als de baas pas aan de bek van de hond komt om er met geweld iets uit te halen wat de hond niet mag hebben, dan is het verklaarbaar dat de hond er een hekel krijgt aan wanneer de baas aan zijn bek komt. Vandaar dat het aaien en het aan de hond komen een heel belangrijke oefening is waarbij ervan wordt uitgegaan dat iedere pup het nog heerlijk vindt om te worden geaaid. Bovendien zijn het belangrijke hulpmiddelen bij het aanleren van andere oefeningen zoals het zitten, liggen en staan.

Aanleerfase

Iedereen leert de pup al om te worden geaaid en het is dan ook niet voor niets dat honden dit prettig vinden. Als u de pup een keer op schoot hebt genomen of u zit bij hem op de grond, wanneer hij ligt bij te komen van een heerlijke wandeling of een fijne maaltijd dan aait u de pup helemaal van voor naar achter. U mag hierbij best wat druk uitoefenen. Praat ondertussen rustig tegen hem en geniet van elkaar.

Oefenfase

Oefen dit aaien ook eens als hij al ligt te slapen. Doe dit rustig en beheerst. Veel honden vinden dit heerlijk en draaien zich helemaal om en kunnen zelfs gaan knorren van genot onder deze verwennerij. Het voordeel is dan ook dat de hond leert dat als er aan hem wordt gezeten als hij slaapt, dit alleen maar fijn is.

Uitbreidingsfase

Aai de pup ook eens voordat hij wordt aangelijnd om naar buiten te gaan of voordat u zijn etensbak neerzet. Dit hoeft niet uitgebreid, gewoon een aai over zijn bol of over zijn ruggetje is al voldoende. Til hem eens op en zet hem op tafel en

Aaien is de basis van de verzorging

Spelen met de baas is niet alleen maar leuk

aai hem uitgebreid, terwijl u weer rustig praat. Het moet voor de hond een gewoonte worden zich overal op zijn gemak te voelen.
Kriebel eens achter zijn oren, waarbij u heel terloops zijn oortje beetpakt en er even in kijkt. Vervolgens kriebelt u weer gewoon door. U blijft rustig praten en gebruikt er desnoods een term als 'oortjes kijken' bij.

Laat ook uw hand bij het aaien eens een paar tellen liggen op een willekeurige plaats. Om zijn schouders, op zijn kontje, op een pootje, op zijn bolletje en op zijn snuitje. Bouw dit heel rustig op. Eerst een tel, dan twee en dan een paar tellen. Zo went de hond eraan dat u uw handen rustig op zijn lichaam kunt laten liggen.

Als uw hand even op de snuit van de hond ligt, til dan eens een lipje op. Gebruik weer een term als 'tandjes kijken' en aai hem vervolgens verder naar achter. Heel achteloos en zonder dat u alle aandacht op zijn bekje vestigt, went u de hond aan het aan de bek komen. Als dit lukt gaat u weer een stapje verder en komt u daadwerkelijk even aan de tandjes. Kijk verder bij de oefening die gaat over het aan de bek komen.

Spelen met uw hond

Spelen met uw hond is fantastisch. Het is een van de belangrijkste redenen om een hond aan te schaffen. Gewoon om lekker met dat kameraadje bezig te zijn. Te knuffelen, te wandelen en te spelen. Het spel hoort bij zijn ontwikkeling. Nu is het spel, behalve dat het leuk is, ook heel belangrijk. We mogen vooral niet vergeten dat voor honden het spel ook een heel serieuze aangelegenheid is. Als pup zijn ze al heel druk met elkaar aan het spelen. Hierbij bekwamen ze zich in een aantal handelingen. Ze vechten, vallen aan, winnen, verliezen, vluchten, dagen uit, domineren, imponeren, onderwerpen zich, enzovoort. Belangrijke zaken voor later worden geoefend. Verder zijn ze al heel fanatiek bezig met het bepalen van hun eigen kracht en die te vergelijken met die van de andere honden. En ook hiervoor wordt het spel gebruikt.

De pup daagt uit

Als pups eenmaal bij de nieuwe bazen zijn gekomen gaat dit gewoon door. Ze willen hun eigen kracht en nu ook die van de baas bepalen. Om op deze wijze zo hoog mogelijk te komen in de rangorde van het gezin waarin ze zijn terechtgekomen.
Pups gebruiken hiervoor alle mogelijke trucjes. De trucjes zijn voor ons, de bazen, valkuilen waar we met open ogen inlopen. Het begint allemaal al met het uitdagen. Het hoopje hond, het bolletje wol, duikt door zijn voorpootjes, kwispelt breeduit

Let op de spelboog (voorpoten laag, achterkant hoog) maar ook op de hoge staartdracht

met dat kleine gatje omhoog en kijkt de baas ondeugend aan met die zwarte kraaloogjes. Een geweldig gezicht waartegen geen enkele baas bestand is. De bazen gaan meespelen en rennen achter hem aan rond de tafel, door de gang, de keuken, de tuin in en weer terug. Totdat de bazen moe zijn en gauw met wat frisdrank of een lekker pilsje gaan zitten uithijgen. Maar ze hebben wel even genoten van hun nieuwe maatje. Dat maatje heeft ook even genoten. Zelfs meer dan dat. Hij heeft geleerd dat als hij wil spelen, hij de baas alleen maar hoeft uit te dagen en dat als hij wegrent, hij het van hem kan winnen. En dat komt veel honden, later, van pas als ze bijvoorbeeld bij de baas worden geroepen na een wandeling en niet willen komen.

Gelukkig is dit heel gemakkelijk om te draaien. Het spel is net zo leuk, maar de hond wint niet en juist daardoor leert dat hij lager staat. Op het moment dat hij uitdaagt, gaan wij ook op handen en voeten op de grond, en gaan meedoen. We nodigen hem nu uit om naar ons te komen. Als hij dan bij ons is rollen we hem op zijn rug, trekken zijn voorpootjes onder hem vandaan, duwen hem een keer weg en als hij dan wil 'vluchten' mag dat. Dan staan wij op van de grond en hebben het spel beëindigd. Wij hebben nu het begin van het spel omgedraaid, het pupje is naar ons gekomen, we hebben laten zien dat we sterker waren en hebben het spel weer afgesloten. We hebben ruim gewonnen in plaats van verloren.

Sjorspelletjes

Het voorgaande geldt ook voor sjorspelletjes. Ze zijn heel leuk en heel nuttig, maar ook rangordebevestigend. Het pupje komt met een oude sok met een tennisbal erin op de baas af en legt het speeltje op zijn schoot. De baas pakt het en het hondje houdt ook vast en begint eraan te trekken. De baas wordt hiervan natuurlijk steeds enthousiaster en als het hondje dan ook nog eens een beetje gaat grommen, doet de baas naar hartelust mee.
Hij gaat ook op handen en voeten zitten en gromt mee. Tot bijvoorbeeld de telefoon gaat. De baas laat het speeltje los en de hond rent ermee weg. Hij heeft gewonnen. Hij is het spel begonnen en bleek tevens sterker te zijn.
Verstandiger is het om als baas, op het moment dat de hond met zijn speeltje komt aanlopen, het commando: 'apport', of 'geef' of 'breng' te geven, en als beloning hiervoor met hem te spelen. Als u geen zin meer hebt of iets anders moet gaan doen, laat de hond dan het speeltje loslaten en beëindig zo het spel. U wint tweemaal en de hond leert dat u behalve een heel leuke baas, met wie veel plezier te beleven valt, ook nog eens echt de baas bent. En dat willen honden nu eenmaal graag. Ook als het om spelen gaat.

Spelen met de baas

Het is altijd goed om wat speeltjes achter de hand te hebben om samen met de hond mee te spelen. Enerzijds is spelen met de hond een heel goede manier om het leiderschap te bevestigen en anderzijds helpt het enorm om de band tussen baas en hond te verstevigen. En dat is natuurlijk mooi meegenomen. Hierbij

Als je hebt losgelaten, ben je braaf...

hoort wel dat de baas altijd het spel eindigt. Leg wat speeltjes, zoals een tennisbal in een oude sok, een flostouw, een bijtring, in een doos in de kast en tover zo af en toe eens een van die speeltjes te voorschijn.
Na een paar keer heeft uw hond door dat u leuk bent. En omdat u het initiatief houdt, bent u nog de baas ook. Geef die speeltjes niet zomaar en leg ze niet in zijn mand. Deze speeltjes zijn voor u een mogelijkheid om uzelf heel interessant te maken. U kunt zich voorstellen dat een hond in het park niet zo veel interesse

heeft in een tennisbal als hij er in huis nog zeventig heeft rondslingeren. Het wordt pas leuk als hij het geweldig vindt wanneer u dat speeltje voor hem tevoorschijn tovert.

Aanleerfase

U noemt de naam van de hond, hij kijkt op – want dit heeft hij inmiddels geleerd – en u laat hem het speeltje zien. U daagt hem hiermee een beetje uit en gaat spelen. Als dit ontaardt in een sjorspelletje, moet u in de gaten houdt dat u achteruitloopt en daarmee laat zien dat u de pup kunt verplaatsen en dus sterker bent. Dit achteruitlopen zorgt er ook nog eens voor dat de hond moet meegaan in uw richting en daarmee wordt u vanzelf weer interessanter. Bovendien beëindigt u het spel en u laat de pup dus niet winnen. Dit is heel belangrijk, want het kan niet vaak genoeg worden benadrukt dat er tijdens dit soort spelletjes ook een serieuze krachtmeting plaatsvindt. En u moet hier altijd als sterkste uit de bus komen. U eindigt het spel door stil te gaan staan en niet meer mee te doen met trekken aan het speeltje. U houdt het speeltje nog wel vast. U zegt vervolgens 'genoeg', pakt een snoepje en houdt dit voor de neus van de pup. Hierbij zegt u nog helmaal niets. U laat hem gewoon ruiken en u let heel goed op hoe en wanneer hij loslaat. De meeste pups weten niet hoe snel ze het speeltje moeten loslaten om dat snoepje te kunnen pakken. Als u al 'los' zou zeggen als hij dit commando nog niet beheerst en hij net even vaster beetpakt, koppelt hij het vaster beetpakken aan het woordje los. En dat is nu net wat we niet willen.

Lukt dit niet en is de krachtmeting de grootste drijfveer voor de pup geworden, dan moet u even niet meer op deze manier spelen met de hond. Het is dan verstandiger om zoek- en verstopspelletjes te gaan spelen. Deze worden later besproken.

Oefenfase

Gaat uw pup helemaal op in het spel en vindt hij het prachtig, dan gaat u oefenen met verschillende speeltjes en in verschillende situaties. U kunt nu wel het commando gaan toevoegen. U weet hoe en wanneer hij gaat reageren op uw snoep-

Gebruik snoepjes en kluiven niet om te spelen, maar als beloning

je. Op het moment dat u weet dat hij gaat loslaten, zegt u 'los'. De koppeling is nu heel snel gelegd. Na een aantal keren oefenen zal de pup het speeltje al loslaten op het moment dat uw hand met het snoepje nog niet helemaal bij zijn neus is.

Uitbreidingsfase

Nu kunt u het geven van een snoepje gaan afbouwen. Uw hand met het snoepje blijft steeds verder weg van de neus van de pup. U zult merken dat de pup al gaat loslaten op het moment dat u uw hand in uw jaszak doet, later op het moment dat u met uw hand naar uw jaszak gaat en vervolgens als u alleen maar 'los' zegt, omdat hij weet dat hij ervoor wordt beloond.

Beheersfase

U kunt nu leuk spelen met uw hond en u houdt zelf de controle over dit spel. Dit spel is nu natuurlijk ook een heel goede beloning geworden. De hond vindt het geweldig en u kunt hem van alles ervoor laten doen.

Zitten

Zitten is een heel belangrijke oefening om een beetje rust in de hond te krijgen. De pup leert zich hierdoor te beheersen en u zorgt ervoor dat u de controle over de hond houdt. Want dat is heel belangrijk in een goede baas-hondverhouding. We moeten ons heel goed realiseren dat de pup bijna alles wat we van hem verwach-

Spelen kun je met heel veel dingen

ten al kan. Hij kan zitten, liggen, staan, zijn pootje opheffen, lopen en hij kan rennen. We moeten hem alleen leren dat hij dit moet doen op bepaalde aanwijzingen van ons. De zit-oefening brengt niet alleen rust in de hond maar is ook prettig bij bijvoorbeeld het aanlijnen, het afdrogen van de pootjes en het borstelen.

Snoepje volgen

Het is belangrijk dat we de hond leren het snoepje met zijn neus te volgen. Dit kunnen we doen door na het aandacht vragen het snoepje voor zijn neus te houden en een heel klein stukje achteruit te lopen. Loopt het pupje mee dan krijgt hij hiervoor zijn beloning. Als dit een aantal keren is gelukt, dan bewegen we bij het achteruitlopen het snoepje, heel langzaam, een klein stukje naar links. Volgt de pup, dan volgt ook weer de beloning. Dit breiden we uit totdat de hond zelfs kan slalommen achter het snoepje aan. Hij heeft nu geleerd dat het volgen van het snoepje altijd resulteert in een beloning.

Aanleerfase

U gaat op uw hurken bij de hond zitten en neemt een snoepje in uw ene hand. Uw andere hand legt u bijvoorbeeld op zijn gatje. Gewoon zonder druk uit te oefenen. De hond is hieraan door de aaioefening al gewend geraakt. U noemt nu de naam van de hond zoals bij het aandacht vragen en houdt het snoepje vlak voor zijn neus. Let op dat hij het nog niet pakt. Nu beweegt u het snoepje een heel klein beetje omhoog zodat zijn neus omhoog gaat. Houd het snoepje wel op een zodanige plaats dat de pup niet hoeft op te springen om zijn neus er dicht tegenaan te houden. Nu beweegt u het snoepje heel langzaam iets naar achteren. Met uw andere hand, die op zijn gatje lag, voorkomt u dat de hond naar achter stapt. De enige mogelijkheid die de hond nu heeft om het snoepje te blijven volgen is door zijn achterpootjes te zakken. Als hij niet gaat zitten, is dat niet erg. U hoeft er alleen maar voor te zorgen dat hij het snoepje niet krijgt. Laat hem maar uitzoeken hoe hij dat snoepje wel kan krijgen. Hij zal van alles proberen. Pootje geven, piepen, knagen aan uw vingers, opspringen en uiteindelijk een keer gaan zitten. Als hij dan zit, geeft u hem direct zijn beloning en aait hem met de hand die op zijn gatje lag even over zijn rug. Nu geeft u de hond een schouderklopje en zegt tegelijkertijd 'toe maar', zodat de pup leert dat hij dan weer

Netjes zitten voor een beloning, hij is nog aan het leren

Zitten kan hij ook al uit zichzelf

mag doen waar hij zin in heeft. Dit laatste is nodig om te voorkomen dat de hond zelf de commando's gaat opheffen, want dat zou niet helemaal consequent zijn.

Oefenfase

Deze oefening gaat u in verschillende situaties uitvoeren. In de huiskamer, in de keuken, op het speelveld, zonder dat er in deze fase al te veel afleiding is. Laat eventueel andere gezinsleden dit ook oefenen. U kunt nu ook het commando 'zit' gaan koppelen aan de handeling. Op het moment dat uw hand gaat bewegen en de hond beweegt mee, zegt u 'zit'. Als de hond daadwerkelijk zit, herhaalt u dit een paar keer bevestigend: 'Dat is knap "zit", dat is braaf "zit"' en vervolgens heft u het commando weer op met 'toe maar'.

Na verloop van tijd zult u merken dat u het snoepje niet meer vlak voor of boven de neus van de hond hoeft te houden. Hij begint het te leren en gaat al zitten als het snoepje nog een paar centimeter hoger is. U komt nu vanzelf in de uitbreidingsfase.

Uitbreidingsfase

Stapje voor stapje houdt u het snoepje wat hoger. Totdat een centimeter of tien al voldoende is om de hond te laten zitten. Bent u te snel gegaan en springt hij

op, negeer dit dan. Wacht een paar tellen totdat de pup weer met vier poten op de grond staat en ga dan terug naar dat stadium van de oefening dat hij nog wel beheerste. Bouw het nu wat rustiger op. Houd niet het snoepje zomaar ineens hoger, maar leer het hem rustig aan en werk vanuit zijn eigen mogelijkheden om te anticiperen. Beweeg heel rustig het snoepje naar zijn neus en u zult merken dat u het nu niet meer vlak boven zijn neus hoeft te houden, maar dat hij al zit als het snoepje er nog een paar centimeter vandaan is. Herhaal dit een aantal keren en u zult merken dat u al vrij snel op die tien centimeter zit. Hebt u die tien centimeter eenmaal bereikt, dan hoeft u ook niet meer op uw hurken te zitten. Blijf wat gebogen staan, buig niet over maar liever naast de hond voorover en bouw nu die tien centimeter langzaam uit naar een hoogte waarbij u rechtop kunt blijven staan. U bent nu al heel ver.
In de tussentijd kunt u ook uw 'aaihand' langzaam wat hoger gaan houden. Bouw dit ook rustig op: eerst een centimeter boven zijn gatje en dan steeds hoger totdat die hand ook niet meer nodig is. Gaat er hier iets mis, ga dan weer een paar stapjes terug. Tegelijkertijd kunt u ook de tijd dat de hond moet blijven zitten voordat u het commando opheft, wat verlengen. U bouwt dit per tel op. U leert hem nu zelfs al een beetje te 'blijven'.
Natuurlijk kunt u ook steeds andere hulpmiddelen gebruiken. Er zijn meer beloningen dan hondensnoepjes. Als we goed kijken dan liggen de beloningen zo voor het oprapen Wel oppassen, want we moeten hem geen verkeerde dingen leren. Maar als een pup iets heel leuks ziet, bijvoorbeeld in het park, zoals een ander pupje, dan wil hij daar graag naartoe. Dat is een enorm sterke prikkel en dus ook een heel goede beloning. Laat hem even zitten en zeg heel uitbundig 'toe maar'. De pup leert nu dat luisteren naar u absoluut geen belemmering is voor plezier maken. En u krijgt controle over uw hond, waar overigens veel mensen jaloers op zullen zijn. Laat hem zitten voordat hij mee naar buiten mag. Laat hem zitten voordat hij zijn eten krijgt. Laat hem zitten voordat hij wordt geknuffeld. Laat hem zitten voordat er wordt gespeeld. Het is allemaal mogelijk, als u maar wilt.

Steeds de hand iets verder, maar dan wel weer snel geven

'Als het te lang duurt, ga ik liggen'

Beheersfase

Uw pup gaat al zitten als u het commando 'zit' geeft, terwijl u rechtop staat. Uw hand met het snoepje is dan ook vrij hoog. Nu moet u er langzaamaan voor gaan zorgen dat de hond gaat zitten zonder dat u het snoepje in de hand hebt. Dit kunt u oefenen door het commando al te geven als uw hand net uit uw jaszak komt. Vervolgens als uw hand in uw jaszak zit, hierna als uw hand naar uw jaszak toe gaat en dan als uw hand nog helemaal niet in de buurt van uw jaszak is. Als dit lukt dan beheerst de hond de oefening op alleen uw stemcommando. Maar ook nu geldt nog steeds dat de hond regelmatig voor het zitten moet worden beloond. Door een balletje weg te gooien, dat u uit uw jaszak haalt, door te mogen spelen met die andere hondjes, door ineens wel weer een snoepje te krijgen en door er steeds weer iets anders tegenover te stellen. Mogelijkheden te oever en als u hiervan lang genoeg gebruik blijft maken, wordt dit voor u ook een gewoonte. En dan zit het helemaal goed. U geeft de beloning steeds iets later. Eerst één tel nadat hij is gaan zitten, dan twee tellen, enzovoort. Zo leert de hond rustig te wachten op wat komen gaat. En als er geen beloning in de vorm van een snoepje komt, komt er vanzelf een beloning in de vorm van het opheffen van het commando. Het is niet zo verschrikkelijk belangrijk dat uw hond gaat zitten op alleen het woordje `zit'. Het is helemaal niet erg als u daar ook nog handgebaren bij gebruikt. Toch is de oefening, en ook alle andere oefeningen, heel interessant om te zien hoe uw hond leert en hoe hij anticipeert op wat waarschijnlijk komen gaat. Als u dat doorhebt, kunt u uw hond in alle situaties op de juiste manier behandelen.

Liggen

Iedere hond kan liggen. Staand slapen is zelfs voor honden niet mogelijk. Ook nu geldt weer dat liggen moet worden gekoppeld aan een woordje. U mag dat zelf kiezen, 'af' of 'down' zijn goede mogelijkheden. In Nederland wordt nogal eens gezegd dat 'lig' niet zo verstandig is, omdat dit woordje te veel op 'zit' zou lijken. Maar ik heb in België gemerkt dat heel veel hondeneigenaren hun honden prima konden laten liggen op het commando 'lig'. De keuze is aan u, wees hierin echter wel consequent.
Het liggen is een oefening waarbij de hond zich heel 'laag' maakt. Als hij dat zonder problemen doet, geeft dit al een beetje aan dat hij uw leiding accepteert. Daarnaast is het gemakkelijk bij het borstelen, wanneer de hond ligt. Het is een goede oefening voor het geval de hond eens ergens mee naartoe mag en u niet wilt dat iemand last van hem heeft. Het is ook een goede oefening voor de regelma-

Eerst begin je laag en dan ga je steeds iets rechterop staan

Een andere manier om de hond te laten liggen

tige controle van de vacht van de hond. U hebt het liggen bovendien al plezierig gemaakt door het aaien regelmatig te oefenen in de ligpositie. U moet het nu alleen nog combineren met een commando. In de uitleg spreken we alleen over het commando 'af'. Als u een ander commando hebt gekozen, gebruikt u dat natuurlijk.

Aanleerfase

We gaan in eerste instantie uit van de zitpositie. Het is niet erg als de hond voor het zitten nog in de aanleerfase zit. U heft nu het commando 'zit' niet op met 'toe maar', maar u geeft er een ander commando achteraan.

Het enige verschil is dat u nu nog een snoepje in uw hand hebt. Uw andere hand ligt nog steeds op zijn gatje en u zit op uw hurken. U houdt het snoepje vlak voor de neus van de hond en u beweegt uw hand loodrecht naar beneden. Met loodrecht bedoelen we ook echt loodrecht en niet schuin naar voren. Als het pupje met zijn neus bij de grond is, bewegen we het snoepje heel geleidelijk aan naar voren. Onze hand op zijn gatje voorkomt nu dat de hond opstaat en de enige mogelijkheid die hij heeft is door zijn voorpootjes te zakken. Nu kan het zijn dat uw pup eerst een heleboel andere dingen probeert om het snoepje te krijgen. Laat het hem maar proberen en wacht gewoon net zo lang tot hij het liggen probeert. Als hij dan ligt, krijgt hij direct zijn beloning. Razendsnel bewegen we nu onze 'aaihand' naar zijn schouders en strijken twee keer van voor naar ach-

Al een beetje op afstand

... en dan samen heel rustig liggen

ter, voor we 'toe maar' zeggen en dus het commando weer opheffen. Zorg wel dat de pup niet schrikt van die razendsnelle beweging.

Oefenfase

Deze oefening gaat u in verschillende situaties uitvoeren. In de huiskamer, in de keuken, op het speelveld, zonder dat er daar in deze fase al te veel afleiding is. Laat hem zo mogelijk ook uitvoeren door verschillende gezinsleden. U kunt nu ook het commando 'af' koppelen aan de handeling. Op het moment dat uw hand gaat bewegen, zegt u 'af' en als de hond daadwerkelijk ligt, herhaalt u dit een paar keer bevestigend: 'Dat is knap "af", dat is braaf "af"' en vervolgens heft u het commando weer op met 'toe maar'. Doe deze oefening ook eens op een tafel. Handig voor bij de dierenarts. U moet nu natuurlijk niet 'toe maar' zeggen, want dan loopt u de kans dat de pup zo van tafel springt. U tilt hem rustig op en zet hem op de grond. U houdt hem heel even vast en aait hem totdat hij rustig is en zegt dan pas 'toe maar'. Dan leert hij ook meteen dat spartelen geen succes heeft.

Na verloop van tijd zult u merken dat u het snoepje niet meer vlak voor de neus van de hond hoeft te houden. Hij begint het al te leren en gaat al liggen als u het snoepje nog niet eens helemaal op de grond hebt. U komt nu vanzelf in de uitbreidingsfase.

Uitbreidingsfase

Omdat het bij dit soort oefeningen gaat om de positie waarin de hond uiteindelijk terechtkomt en niet zozeer om de handelingen die hij verricht, kunnen we ook wat andere handelingen van de hond eraan toevoegen. Een leuke manier om de pup te leren liggen is om zelf met opgetrokken knieën op de grond te gaan zitten. U noemt de naam van de hond, laat hem het snoepje zien en beweegt het snoepje onder uw benen door. De enige manier voor de pup om het snoepje te krijgen is om onder uw knieën door te kruipen. En als u uw knieën op zo'n hoogte houdt dat het buikje van de pup daarbij de grond raakt, ligt hij vanzelf. Als u nu van tevoren weer het commando 'af' geeft en hem, als hij ligt, weer bevestigend beloont, dan leert de hond ook nog eens dat het om de positie gaat.

Een andere mogelijkheid is het 'af uit spel'. Vaak is deze oefening nog niet zo geschikt voor heel kleine pupjes, maar als ze wat groter zijn vinden de meeste honden het prachtig.
Houd het snoepje voor zijn neus en loop achteruit. Net als bij slalommen, de voorbereiding van de zit-oefening.
Nu beweegt u het snoepje echter uitbundig omhoog en omlaag. De pup wordt jolig en u ook en als het goed is, wordt de pup zelfs wat springerig. Nu beweegt u ineens het snoepje naar de grond en u gaat er zelf ook bij liggen. Als de pup vrolijk genoeg is, zal hij bovenop het snoepje duiken en... liggen. Zijn beloning

Sturen is de basis van alle oefeningen

komt dan direct en in een later stadium koppelt u er het commando 'af' aan.

We gaan terug naar de eerste methode. De pup gaat inmiddels al liggen als uw hand nog niet helemaal bij de grond is. U beweegt uw hand nu steeds minder. Hij blijft dus steeds hoger. U beloont de pup nog steeds op het moment dat hij ligt. Hierbij mag hij niet zelf zijn snoepje komen halen. Doet hij dit toch, dan negeert u zijn gedrag en u gaat een paar stapjes terug in de opbouw van de oefening. Lukt dit, dan gebruikt u ook uw 'aaihand' wat minder nadrukkelijk. Na een paar keer minder aaien, houdt u uw hand zelfs wat boven de schouders van de hond. Eerst een paar centimeter en vervolgens steeds verder totdat u de 'aaihand' niet meer nodig hebt. Ondertussen probeert u ook vanuit uw gehurkte positie steeds iets meer te gaan staan. In eerste instantie mag dit best een beetje gebogen. De ene keer niet over de hond heen, maar het is ook niet erg als u de andere keer wel iets over de hond heen buigt. Dit is namelijk een dominante houding van u en bij het liggen hoort nu eenmaal dat de hond zich ondergeschikt opstelt. Zo vangt u twee vliegen in één klap. Vervolgens gaat u steeds meer rechtop staan.

Beheersfase

Hier geldt eigenlijk hetzelfde als bij het zitten. U bouwt het geven van een snoepje zo ver af tot u het niet meer nodig hebt. (Nog wel regelmatig gebruiken.) En u gaat andere beloningen gebruiken. Hoe actiever de prikkel is die als beloning wordt gebruikt, bijvoorbeeld een speeltje of andere honden, hoe moeilijker het wordt.
U begint steeds meer grip op uw hond te krijgen. Goed gedaan, hoor!

Staan

Dit is een heel handige oefening voor bijvoorbeeld het afdrogen van (vooral) de achterpootjes. De oefening komt ook van pas bij de dierenarts of als u de hond wilt borstelen of als hij moet worden getrimd. Het is op zichzelf een van de allergemakkelijkste oefeningen als u hem goed uitvoert. Als je als baas in de aanleerfase echter een paar fouten maakt, wordt het de grootst voorstelbare rampenoefening. U bent gewaarschuwd.

Aanleerfase

Opnieuw gebruiken we het inmiddels bekende hondensnoepje. U hoeft nu niet op uw hurken te gaan zitten. Wel is het handig een beetje door uw knieën te zakken. Het is echter vooraf nog belangrijker om te weten dat als een hond uit zichzelf staat en naar voren kijkt, zijn hoofd iets naar beneden lijkt te wijzen. Dit moet u goed onthouden. U laat de hond eerst zitten. Nu pakt u weer het snoepje, noemt de naam van de pup en houdt het snoepje vlak voor zijn neus in de normale stand. Dit is dus iets lager dan bij de zitoefening. Nu beweegt u uw hand naar voren waarbij de hond zal opstaan. Een aaihand is nog niet nodig. Op het moment dat de hond staat, krijgt hij het snoepje en kriebelt u hem onder zijn kin. Dit is hij inmiddels gewend vanuit de aaioefening en hij zal het dus heerlijk vinden.

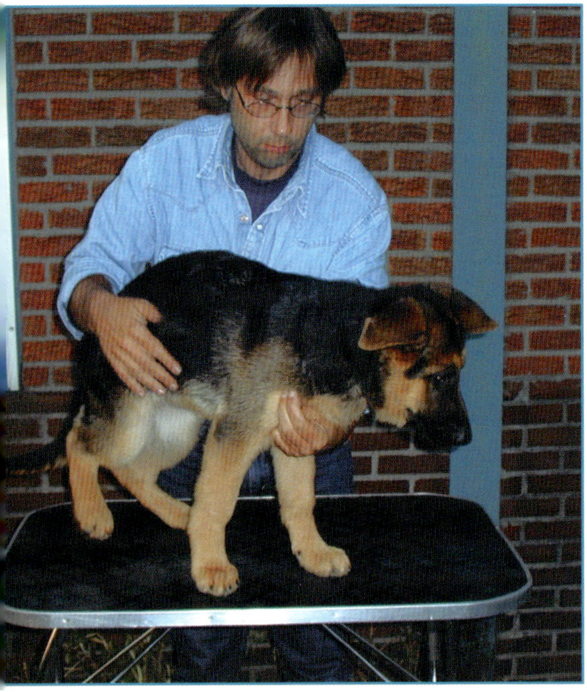

Oefeningen kunnen ook op tafel worden gedaan

Uw pup staat nu en u heft het commando weer op met het bekende 'toe maar'. De pup zal niet weten wat hem overkomt, want hij heeft nu waarschijnlijk het gevoel dat hij helemaal niets hoefde te doen. Dit geeft niets. Laat hem dit maar denken.

Als u uw hand iets te hoog houdt, gaat de pup zitten. Hiervoor mag u de hond nooit corrigeren. Eigenlijk moet u hem zelfs belonen, want uw hand was immers hoog zoals bij de zit-oefening hoort. Hiermee gaf u dus eigenlijk het handcommando voor het zitten. Uw hond is gewoon een wereldhond. Houd de volgende keer uw hand iets lager en probeer het opnieuw.

Oefenfase

Ook nu gaat u de oefening in allerlei verschillende situaties oefenen. U gebruikt echter steeds meer uw aaihand om de hond te laten weten dat er op dat staan altijd iets volgt. U aait hem eens in zijn liezen. U aait hem eens over zijn staart, over zijn poten en u tilt de staart eens een keertje op. Alles zonder druk. U weet dat hij aan dat gefrunnik gewend is, alleen staat hij nu. Natuurlijk vergeet u niet om een commando eraan te koppelen: 'staan', en hem bevestigend te belonen als hij eenmaal staat: 'braaf staan', 'knap staan'. U heft natuurlijk ook het commando weer op.

Uitbreidingsfase

Het is niet mogelijk om de uitbreiding van deze oefening te doen door uw hand hoger te houden. Dit komt te veel overeen met de handelingen die u uitvoert bij het uitbreiden van de zit-oefening. Toch zijn er wel mogelijkheden. Op het moment dat u het commando 'staan' hebt gegeven en de hond daadwerkelijk staat, wacht u eerst een tel met het geven van de beloning. De volgende keer wacht u een tel en beweegt u uw hand met het snoepje iets verder van de hond vandaan. Uw andere hand gebruikt u om hem te kriebelen en hem op zijn plaats te houden. Uw hand maakt nu dus een voorwaartse beweging. Deze beweging breidt u uit totdat u uw hand op een centimeter of twintig van de hond kunt houden, voordat u hem met die hand de beloning geeft. Vervolgens voert u die voorwaartse beweging van uw hand steeds iets hoger uit. Tot u helemaal rechtop kunt blijven staan. Nu bouwt u die handbeweging iets af, totdat de hond kan staan op alleen uw stemcommando. Behalve dat u de oefening iedere keer uitvoert vanuit de zitpositie kunt u de pup ook laten staan vanuit stilstaan of lopen. Het gaat tenslotte om de uiteindelijke positie die uw pup inneemt. Bovendien doet u de oefening ook eens een keer op tafel en gebruikt u af en toe een borstel of een kam en bekijkt u zijn oortjes eens.

Beheersfase

Nu gaat u het geven van een snoepje weer afbouwen. U hoeft het nu niet meer iedere keer te pakken voordat u het commando geeft, maar heel langzaam went u de hond eraan dat het snoepje, net zoals bij het zitten, ook later te voorschijn kan komen. Ook andere beloningen zijn natuurlijk weer heel geschikt om mee te oefenen. Zeker omdat de hond dan de oefening niet koppelt aan maar één beloning. Dan kan het zelfs gebeuren dat hij gaat staan om een beloning te krijgen, zonder dat u hem eerst een commando had gegeven. Dan wordt de sta-oefening zijn commando voor 'baas geef snoepje' en dat kan niet de bedoeling zijn.

Blijven

Eigenlijk is het blijven een overbodige oefening geworden. De hond heeft inmiddels al geleerd om te blijven wachten totdat de baas het commando opheft. We gaan nu echter de afstand vergroten. U kunt hier het commando 'blijf' aankoppelen. U mag echter ook 'zit' zeggen als hij zit, 'af' als hij ligt of 'staan' als hij staat. Het advies is om nog niet te beginnen met het blijven vanuit de sta-positie. Een heel kleine stap opzij of naar voren is immers snel gemaakt.
U gaat het blijven pas oefenen als de pup in de uitbreidingsfase van de andere oefeningen is beland en al gewend is om even

High five, je kunt honden zo veel leren

Naast sturen is ook aandacht onontbeerlijk

te wachten tot u hem beloont. Timing bij deze oefening is erg belangrijk en hiermee worden nogal eens fouten gemaakt. Daarover leest u straks meer.

Aanleerfase

Uw hond kan zitten of liggen en al even wachten op zijn beloning. Die beloning hebt u ook al niet meer in uw hand. U laat nu zien dat uw hand leeg is, u plaatst uw gewicht op het been dat het dichtst bij de hond is, geeft het commando 'blijf' en verplaatst uw andere been weg van de hond. Na een tel brengt u uw been weer terug in de uitgangspositie, u pakt nu de beloning, geeft deze aan de hond en u heft het commando op met 'toe maar'.

U mag het stemcommando al in de aanleerfase geven. Dat moet u namelijk doen als u weet hoe de hond reageert op uw hulp. Omdat het de bedoeling is dat hij niet reageert, is het juist goed om nu al iets te zeggen.

Oefenfase

Deze oefening doet u weer in verschillende situaties en ook wisselt u het been dat u wegzet. Alleen dan krijgt u een 'vaste' blijver.

Uitbreidingsfase

U gaat nu de afstand langzaam vergroten. Als u uw been opzij gezet hebt, sluit u uw andere been, dat nog dicht bij de pup was, aan. U mag hierbij het com-

mando 'blijf' herhalen. Als dit lukt dan gaat u nog een pas verder weg staan. Vergroot de afstand pasje voor pasje. Als u op een meter afstand van uw pup kunt gaan staan, gaat u 'schommelen' van het ene been op het andere. U herhaalt het commando nog steeds regelmatig. Als dit lukt gaat u, op die meter afstand, wat heen en weer lopen. Houd de pup goed in de gaten.
Er wordt wel eens beweerd dat de pup niet mag worden aangekeken bij deze oefening. Dit is onzin en geeft alleen maar aan dat men allerlei extra hulpen moet gaan gebruiken in de hoop dat de pup toch blijft.
Er is dan al geoefend terwijl de pup het zitten of het liggen nog niet voldoende beheerste, er zijn te grote stappen genomen (letterlijk en figuurlijk) of de pup heeft geleerd dat hij succes heeft met opstaan. De fouten liggen meestal bij de baas.

Beheersfase
In eerste instantie oefent u het blijven zonder veel afleiding. U kunt langzamerhand wat meer afleiding gaan invoeren. Als er op een bepaald moment erg interessante prikkels zijn, kunt u die weer als beloning gaan gebruiken. Uw pup leert dan dat blijven resulteert in plezier maken. En zo hoort het ook. U moet er echter voor zorgen dat de pup steeds opnieuw een beloning kan verwachten. Het aanleren en onderhouden van oefeningen is niet zo heel gemakkelijk. Maar als u de beloningen gebruikt die overal voor de hand liggen, is het veel gemakkelijker om te blijven oefenen met uw hond en wordt het vanzelf routine.

Komen bij de baas

Als we nieuwe puppyeigenaren vragen waar ze zich bij honden het meest aan ergeren, dan is dat het trekken aan de lijn en het niet willen komen als ze worden geroepen. Ook hieraan zijn we vaak zelf schuldig. We leren de pup dat andere honden leuker zijn of dat komen bij de baas betekent dat de pret over is. En die pret met andere honden is nu juist een heel belangrijke prikkel en dus een heel goede beloning. En honden komen echt wel. Denk maar eens aan de baas die naar de voordeur loopt om de hond uit te laten. De hond staat dan meteen naast de baas. Nu is het wel interessant voor de hond om te komen, want zijn beloning is dat hij uit mag. Als bazen na de laatste avondwandeling naar het kastje met kluiven lopen, weten de honden niet hoe snel ze moeten komen. Hun beloning is een kluif.
Dit betekent dat er dus situaties zijn dat de hond wel snel komt. Hij leert zelf wanneer de baas interessant genoeg is om naar hem toe te gaan en wanneer niet. In theorie is het dus eigenlijk heel simpel. Wij moeten zorgen dat de hond ons altijd interessant vindt.

Het komen kunt u ook prima in huis oefenen. Het is daarbij erg leuk als u zijn favoriete speeltje na het spelen opbergt. Nu kunt u af en toe zijn aandacht vragen, hem bij u roepen en dan heel enthousiast naar de kast lopen. Na een aantal keren zal hij vrolijk kwispelend meelopen. Nu moet u wel opletten dat u niet ingaat op zijn opwinding als u dit niet plezierig vindt. Sommige honden kunnen behoor-

Komen is binnen leuk

lijk uit hun dak gaan als ze te opgewonden worden en gaan springen en blaffen of zelfs in uw broekspijpen of armen bijten. Op het moment dat dit gebeurt, stopt u uw actie en gaat weer zitten. Laat de hond maar leren dat dit gedrag niet zorgt voor het gewenste effect. Hij zal nu zelf ander gedrag moeten gaan vertonen om u wel zover te krijgen dat u dat speeltje pakt. Dat gedrag moet dan door u natuurlijk weer als gewenst gedrag worden ervaren. Nu hoeft u voor dat komen geen snoepje te gebruiken. De wandeling naar de kast en het pakken van het speeltje wordt door de hond als voldoende plezierig ervaren om graag bij u te komen.

Aanleerfase

U bent met het aandacht vragen al een eindje op weg en iedere keer als u zijn naam vrolijk noemt kijkt de pup verwachtingsvol naar u op. Die naam is al heel belangrijk geworden. Als de pup nu in huis met iets heel anders bezig is dan met u, zorgt u ervoor dat u een hondensnoepje in uw hand heeft. Let wel op dat hij niet met iets bezig is wat veel interessanter is dan zo'n hondensnoepje want dan verliest uw snoepje het. Nu noemt u weer de naam van de pup op de normale wijze, vrolijk dus. Koppel daar op het moment dat de pup zich in beweging zet het commando 'hier' aan. Niet als een bullebak zoals je vaak in het park hoort, maar heel uitnodigend. De hond komt en krijgt zijn beloning. U zegt weer 'toe maar' en hij mag weer verder met datgene waar hij mee bezig was. Hij leert dan gelijk dat komen niet direct betekent dat de pret over is, hij hoeft niet te kiezen, want dan zult u het uiteindelijk verliezen.

Oefenfase

U gaat dit ook oefenen door te roepen terwijl u in een andere kamer staat. Dat betekent dat de pup u niet kan zien. Hij komt weer direct. U kunt ook in de tuin gaan staan, of als de pup al in de tuin is,

Komen is ook buiten leuk

hem naar binnen roepen. Daarna laat u hem weer gewoon gaan. Als dit lukt, gaat u over naar de uitbreidingsfase.
Naast het komen in huis is het natuurlijk ook handig dat uw pup buiten komt als hij geroepen wordt. Daar doet u het waarschijnlijk voor. U kunt dit het beste met twee personen oefenen. U weet uit de aanleerfase al dat de hond het reuze interessant vindt als hij geroepen wordt en hij daarbij een snoepje krijgt. Daarnaast weet u hoe u uw hond kunt laten zitten. Nu houdt een van de personen de hond vast voor zijn borst. Pak de hond niet aan zijn halsband vast, want als hij dan gaat trekken als hij enthousiast wordt, levert dit weer problemen op bij het wandelen. De ander laat heel duidelijk aan de pup een snoepje ruiken en rent vrolijk weg en roept ondertussen de hond. De kans is groot dat de pup er achteraan wil. De baas wordt dus wel erg interessant. In plaats van één snoepje heeft de baas echter twee snoepjes in zijn handen. Na een paar meter draait degene die wegrent zich om en zakt door de hurken. Op datzelfde moment wordt de pup losgelaten. Als hij bij de andere persoon is, krijgt hij direct zijn snoepje. Tegelijkertijd laat die persoon de hond ruiken dat er nog een snoepje is. Met dat snoepje doet hij vervolgens de zit-oefening, een iets uitgebreidere versie.

Met de aai-oefening kunt u de hond al prima over zijn kop aaien. Dit gaan we nu toevoegen aan deze zit-oefening en past bij het aanlijnen. Terwijl u met uw hand waarin het snoepje zit de hond in de zitpositie stuurt, pakt u met uw andere

Komen over een bruggetje

Volgens mij heb ik aandacht

hand heel rustig zijn halsband. Als de hond zit en zijn snoepje eet, heeft u hem al vast om aan te lijnen.

Uitbreidingsfase

Het lijkt er met al die fasen misschien op dat het weken duurt voordat u verder kunt. Zo is het niet. U kunt bijvoorbeeld bij de oefening van komen al na een paar keer in de uitbreidingsfase terechtkomen. Dit heeft natuurlijk ook te maken met het feit dat u in het begin het enige bent wat de pup heeft. Hij is dus al op u gericht. Hier kunt u dankbaar gebruik van maken.
Neem uw pup mee naar het park op een moment dat het daar niet zo druk is. Er mag nog niet te veel afleiding zijn. Zet hem neer en laat hem gewoon lekker zijn gang gaan. U doet nog helemaal niets. De pup zal wat snuffelen en rondkijken. Er komt een moment, ook al kan het even duren, dat de pup even naar u opkijkt of rondkijkt wat hij nu weer eens zal gaan doen. Op dat moment roept u hem. Hij zal snel komen. Het moment is erg belangrijk. Als u iets te laat bent kan het zijn dat de pup al iets anders heeft gezien waar hij zijn zinnen op heeft gezet en loopt u de kans dat hij, ondanks uw geroep, daarop af gaat. Als hij bij u is gekomen beloont u hem uit-

bundig en laat hem weer gaan, tot zich weer een nieuwe gelegenheid voordoet. Nu bestaat er een goede kans dat de pup al regelmatig even bij u komt kijken. Omdat de grote wereld nog een beetje eng is. Koppel hier direct dat commando 'hier' aan. Dan volgt hij keurig uw commando op zonder dat u hem beloont voor zijn onzekere gevoel, waarvoor hij bij u kwam. Als het komen goed gaat, kunt u langzaam de afleiding iets gaan opvoeren.

Beheersfase

Deze oefening zult u altijd moeten blijven oefenen. Zorg tijdens de wandeling dat u de hond een paar keer roept en dat hij iedere keer komt. Beloon hem en laat hem vervolgens weer gaan. Als u hem alleen maar roept als hij weer aangelijnd moet worden om naar huis te gaan, is de spanning van het komen bij de baas heel snel voorbij. Dan heeft u alle oefeningen eigenlijk voor niets gedaan. Uiteraard kunt u de beloning weer gaan variëren. Hiervoor zijn de speeltjes waarmee u samen speelt ook heel geschikt, of een balletje dat u af en toe weggooit, maar dat u wel zelf in bewaring hebt. Het kan gebeuren dat het balletje het meest interessante van de wandeling wordt. De hond weet dan inmiddels dat hij hiermee in uw buurt moet blijven omdat u het balletje af en toe weggooit. Dit doet u natuurlijk op uw eigen initiatief.

De volgende oefening voor het komen is ook gebaseerd op het leren dat de baas alleen maar leuk is. De oefening vergt wat discipline en is in het begin heel onlogisch, maar de resultaten zijn zeer goed. Laat uw hond op een veldje los en zorg ervoor dat er weinig afleiding is. Uw hond gaat snuffelen of rennen of iets dergelijks. Loop nu zonder iets te zeggen naar de hond toe. Het maakt niet uit wat de hond doet. U kijkt niet naar hem maar loopt alleen heel rustig naar hem toe. Als u bij hem bent, geeft u hem alleen een snoepje en u loopt weer weg. Uiteraard moet dit snoepje wel heel interessant zijn. Uw hond zal in het begin waarschijnlijk niets anders doen dan het snoepje aanpakken en weer doorgaan. Het zegt hem nog niet zoveel. Na verloop van tijd begint uw nadering wel een betekenis te krijgen: hij krijgt iets lekkers. Dat moment is heel gemakkelijk te herken-

Na het komen weer netjes wandelen naar huis

nen. Hij kijkt even naar u op. Ook nu blijft u het snoepje geven en u gaat weer weg. Als uw hond nu steeds geïnteresseerder gaat opkijken op het moment dat u in zijn richting loopt, gaat u een stap verder. U gaat niet naar de hond, maar blijft nu op een meter afstand stilstaan. Uw hond mag nu kiezen: of hij komt het snoepje halen of hij gaat door met waar hij mee bezig is. In het tweede geval bent u nog niet interessant genoeg. U gaat gewoon door met naar hem toe gaan en probeert het later nog eens op een meter afstand. Dit moment komt echt. Komt hij echter wel naar u toe, dan bent u bezig met een geweldige kom-hier-oefening. Op het moment dat uw hond naar u toe komt, gaat u voor het eerst iets zeggen. Geef hem het commando voor het komen, geef hem zijn snoepje en laat hem weer gaan. De afstand maakt u steeds groter.

U bent alleen nog maar bezig met het komen als hij kijkt op het moment dat u in zijn richting loopt. Nu kunt u uitbreiden. U staat op een afstand, roept zijn naam, hij kijkt en u laat het snoepje zien. Hij komt, u geeft het commando voor het komen en hij krijgt zijn snoepje. Oefen dit vaak.

De volgende stap is dat u met meerdere snoepjes werkt, net als in vorige kom-hier-oefeningen. U geeft uw hond het snoepje voor het komen, laat hem zitten, pakt hem even bij zijn halsbandje en laat hem weer gaan. Lijn hem af en toe even aan en loop een stukje. Laat hem weer zitten, maak de lijn weer los of u loopt naar huis.

Wandelen zonder trekken

Er is geen enkele pup die instinctmatig trekt aan de lijn om ergens te komen. Het is hem dus aangeleerd of hij heeft het zichzelf aangeleerd. Waarbij wij het hem dan wel hebben toegestaan om dit aan te leren. Een nieuwe pupeigenaar kan ook nog niet alles weten.
Het is vaak een teleurstelling als blijkt dat de pup nog helemaal niet mee naar buiten wil. Hij trekt aan de lijn terug naar huis en het nieuwe baasje vindt dat zo zielig dat hij het maar toestaat. De hond heeft nu al geleerd dat trekken werkt. Dit leerproces gaat razendsnel want een heel sterke negatieve prikkel – die enge buitenwereld – heeft hij hiermee kunnen overwinnen.
Als de pup na een paar weken de wereld om zich heen kent en het allemaal wel leuk begint te vinden, is dit een enorme opluchting. Het trekken aan de lijn neemt men dan maar even voor lief. De pup is nu tenslotte nog wel te houden. De hond leert dan opnieuw dat als hij ergens wil komen hij moeten trekken. Keer op keer heeft hij succes. Als hij wil snuffelen trekt hij naar die boom toe. Als hij wil spelen trekt hij naar die andere hond toe. Als hij een ander gezinslid ziet, trekt hij daar naartoe en hij wordt dan al op afstand beloond.
De pup leert dat trekken aan de lijn heel gewoon is, hij kan op een gegeven moment zelfs niet meer anders. Het lijkt wel alsof het in hem geprogrammeerd zit. Maar de baas heeft het zelf gedaan. De pup heeft immers altijd succes gehad. Dit moet vanaf het eerste moment worden voorkomen.

... en niet laten trekken

Aanleerfase

Vanaf de eerste dag mag de hond niet trekken aan de lijn. Hij mag NOOIT succes hebben. Daarvoor moet u een heleboel geduld hebben. Op het moment dat hij wel trekt, heeft hij hier een bedoeling mee. Hij wil namelijk ergens anders heen. Sta dit niet toe.

In eerste instantie gaat u er alleen maar voor zorgen dat u interessant wordt. De hond moet namelijk iets heel ingewikkelds leren. Ga eerst gewoon lopen. De hond mag trekken wat hij wil, maar u laat hem niet snuffelen terwijl u stilstaat. Hij mag wel snuffelen als u nog wandelt, hij mag nu nog alles. U loopt wel alle kanten op, u draait om, u gaat naar links, u gaat rechts. Er komt een moment waarop de hond een keer naar u kijkt. Nu wordt u enthousiast en geeft hem een snoepje. Als hij zijn snoepje heeft gehad en naar u blijft kijken, dan krijgt hij steeds weer een snoepje. Als hij weer gaat trekken of alle kanten opduikt, loopt u gewoon door. Als hij weer kijkt, geeft u hem weer enthousiast een snoepje. U zult nu merken dat uw hond vaker naar u kijkt en soms zelfs al hele stukken netjes meeloopt. Hij krijgt daar dan ook veel lekkers voor. Hij mag ondertussen wel nog steeds trekken en nu is het moment gekomen om ook daar wat aan te doen. We zijn immers niet bezig om een hond aan te leren dat hij de hele wandeling alleen maar snoepjes krijgt. We moeten een begin maken.

U zorgt dat uw hond ergens heen wil. Op afstand staat een boom of ligt een bal of iets dergelijks. Als de hond nu trekt, gaat u zelf stilstaan en doet verder helemaal niets. De kans is aanwezig dat de pup alle kanten op zwabbert. Dit is natuurlijk omdat hij probeert zijn doel te bereiken en manieren zoekt zodat dit lukt. Als niets lukt, zal hij toch iets anders moeten doen. Er is een grote kans dat hij nu naar u toe komt of naar u omkijkt waardoor ook de spanning van de lijn afneemt. Op dat moment gaat u lopen in de richting waar de pup heen wilde. Hij zal naar u toe komen want als hij kijkt, krijgt hij iets lekkers. U hebt nu de mogelijkheid om een meter of tien te lopen in de richting van datgene waar hij graag heen wil. Na het snoepje trekt hij waarschijnlijk de lijn weer strak en u doet de oefening opnieuw. Dit herhaalt u totdat de pup doorkrijgt dat hij op u moet wachten en dat trekken aan de lijn geen zin heeft. Als hij niet trekt, krijgt hij zelfs af en toe wat lekkers en hij komt ook waar hij wil zijn. U moet hem niet corrigeren, u moet niet boos worden, u moet alleen maar heel veel geduld hebben. Als u dit vanaf

Aandacht is nu nog de basis

de eerste dag oefent, leert uw pup dit het snelst. Na verloop van tijd hebt u steeds minder snoepjes nodig. Wacht steeds een paar tellen langer met geven als hij naar u opkijkt. Tussendoor beloont u hem met uw stem. Niet te lang wachten want dan heeft een hond al heel snel door dat hij niets meer krijgt als hij kijkt en gaat hij weer iets anders doen.

Een andere manier is om de pup wel gewoon te laten trekken op die momenten dat u het goed vindt. Wilt u echter dat hij netjes meeloopt, dan kunt u dat onder commando zetten. 'Netjes naast' of 'rustig', of wat voor commando u daarvoor maar wilt gebruiken. U oefent in eerste instantie gewoon vanuit het sturen. Stuur de hond met uw hand naast u en loop een paar stappen. Geef hem vervolgens het snoepje. Dit mag u zowel links als rechts naast u oefenen. U geeft nog steeds geen commando. Probeer hem eerst maar eens links of rechts naast u te krijgen. Beloon de hond dan. Vervolgens maakt u een beweging vooruit. Als de pup mee komt, krijgt hij direct het snoepje. Dit bouwt u langzaam uit naar een paar stappen. Voor de eerste week is dat voldoende.

Oefenfase
Bij het wandelen is het erg belangrijk dat u consequent bent. Toch is dit heel moeilijk. Er zijn honden die het heel lang volhouden, zelfs langer dan de baas. Op het moment dat u stilstaat, gaat hij gewoon alle kanten op. U kunt nu een stapje verder gaan en alvast doorlopen op het moment dat de hond niet naar voren trekt aan de lijn. U neemt nu als leider het initiatief en bepaalt de richting. Dat betekent dat u alleen nog maar stilstaat als de hond naar voren trekt.

Als u het rustig wandelen onder commando wilt zetten, voegt u het door u gekozen stemcommando toe op het moment dat u weet dat de pup in beweging komt. U laat hem nog steeds enkele passen naast u lopen met uw hand en het snoepje als stuur. Het aantal passen kunt u nu langzaam gaan uitbreiden. Ook nu oefent u in allerlei verschillende situaties.

Uitbreidingsfase
Als de hond eenmaal doorkrijgt dat het buiten hartstikke leuk is, zal hij sneller geneigd zijn om te trekken. U hebt inmiddels begrepen dat u dit moeten proberen te voorkomen. Hier moet u heel consequent in zijn. Heel vaak gaat het hier mis. Als de prikkel waar de hond op af wil maar sterk genoeg is, zijn de baasjes meestal wel geneigd om wat toegeeflijker te zijn. 'Ach ja, hij moest ook zo nodig' of 'Ja maar nu kwam de baas er aan' en zo zijn er allemaal excuses te vinden. Als u er nu een oefening van maakt om de pup zijn doel te laten bereiken zonder te trekken, bent u goed bezig. Laat de baas er maar eens aankomen en sta net zo vaak stil als nodig is om de hond zonder trekken aan de lijn bij de baas te laten komen. Als u dit een aantal keren oefent merkt u vanzelf dat de hond leert dat als hij niet trekt hij veel sneller succes heeft. Het is maar wat wij hem leren. Op het moment dat u dit soort oefeningen bewust oefent, zult u ook in

andere situaties veel effectiever kunnen reageren, omdat het een beetje uw tweede natuur wordt. Het is belangrijk om het wandelen zonder trekken echt als oefening te zien en het niet terloops te oefenen als u toch gaat wandelen. Ik verzeker u dat er anders niet veel van terecht komt.

Bij het netjes wandelen onder commando gaat u het commando naar voren verplaatsen. U pakt het snoepje, zegt terwijl u het snoepje in zijn richting beweegt al het commando en stuurt hem langzaam mee. Dit bouwt u net zo lang uit totdat de hond al meeloopt terwijl u het snoepje nog moet pakken. Hij weet immers wat er gaat komen na dat commando. Hij heeft leren anticiperen. Het geven van de beloning gaat u steeds iets meer uitstellen. U wacht echter niet tot hij weer trekt en zijn eigen gang gaat. Dit moment moet u altijd voor blijven.

Beheersfase

U kunt nu de hond overal mee naar toe nemen zonder dat hij aan de lijn trekt. U moet hier echter wel consequent mee om blijven gaan. Na verloop van tijd zult u zelfs merken dat uw hond gaat reageren op uw tempowisseling. U stond immers stil als hij te hard van stapel liep. Als de pup dit doorheeft kunt u ook eens de andere kant oplopen. U kunt eens zomaar stil gaan staan en wachten wat de hond doet. Als hij dan naar u toe komt met een onbegrijpelijke blik beloont u hem met iets lekkers.

Uw hond leert netjes te wandelen op commando. Uw hond stopt met trekken op het moment dat u hem het commando geeft voor het netjes bij u in de buurt wandelen. Hij kijkt af en toe verwachtingsvol naar u op en af en toe hij krijgt hiervoor ook echt iets lekkers. U bent goed op elkaar ingespeeld.

7

De hond dagelijks

U hebt nu een overzicht gekregen van de zogenaamde basisoefeningen. Nu is het zaak deze basisoefeningen in allerlei huiselijke situaties in praktijk te brengen. Natuurlijk hebt u in de verschillende fasen van de oefeningen al het een en ander in de praktijk geoefend. Dat gaan we nu wat uitbreiden. Het grote voordeel van het in de praktijk brengen van deze oefeningen is dat u zelf routine krijgt in het op de juiste wijze benaderen en begeleiden van de hond. Gewoon in de praktijk, zonder dat u hiervoor apart hoeft te oefenen.

Praktijkoefeningen binnen

Er zijn nogal wat situaties in huis te bedenken dat u met de hond bezig bent. Sommige situaties maakt u iedere dag mee en andere maar af en toe. Voorbeelden zijn: borstelen, eten geven, gaan slapen, alleen blijven, nageltjes knippen, pilletjes geven, temperaturen, omgang met visite, kluiven op een botje, onweer, vuurwerk, omgang met kindertjes, aanlijnen om naar buiten te gaan. Hiervan zijn oefeningetjes te maken, zodat de hond went aan uw gedrag in dit soort praktijksituaties en u op de juiste manier kunt inspelen op het gedrag van de pup. We moeten hier eigenlijk al direct mee aan de gang gaan. De pup zit nu nog in zijn natuurlijke leerperiode en daarvan moeten we gebruikmaken. De volgorde van de oefeningen is geheel willekeurig, zodat u zelf kunt bepalen wat u als eerste gaat oefenen. Wel is het zaak dat u de fase waarin u bent met de basisoefeningen goed in de gaten houdt. U kunt de pup nog niet laten blijven in zijn mand als u nog niet met de basisoefening blijven bent begonnen.

Zindelijk maken

Soms hoor je wel eens verhalen over pups die in één of twee dagen zindelijk zijn. Dit is natuurlijk prachtig, maar het komt echt niet vaak voor. U moet er dan ook niet op rekenen dat dit bij uw pup net zo vlot zal

Samen een band opbouwen

gebeuren. Uiteraard kunt u wel veel invloed hebben op de tijd die nodig is om de pup zindelijk te krijgen.
Heel belangrijk hierbij is enerzijds observatie van uw pup en anderzijds regelmaat voor uw pup. Leg de eerste dag dat hij bij u in huis is alvast op verschillende plekken wat kranten neer. De belangrijkste plek is bij de voor- of achterdeur. Let nu goed op wanneer uw pup gaat plassen of zijn behoefte gaat doen en hoe u dit van tevoren kunt zien aankomen. Vaak snuffelt hij langdurig of draait rondjes op eenzelfde plek. Meestal zal de pup ook wat doen als hij net lekker heeft geslapen, gegeten of gespeeld. Juist op die tijdstippen of bij dit gedrag van uw pup, dat aangeeft dat hij wat moet doen, tilt u hem, vooral rustig op en gaat u met hem naar buiten. U brengt hem naar een plek waarvan u wilt dat hij daar ook later zijn behoefte doet en wacht net zolang totdat hij wat doet. Afhankelijk van wat hij gaat doen geeft u nu een commando (bijvoorbeeld: 'plasje doen'). Direct hierna krijgt hij zijn beloning, heel uitbundig. Erg belangrijk hierbij is dat deze trip naar buiten bedoeld is voor zijn behoefte en niet om te spelen. Soms vinden pups het buiten zo verschrikkelijk leuk, dat ze volop spelen en genieten van alle nieuwe indrukken en geen tijd hebben om hun behoefte te doen. Ze willen niets van het plezier missen. Als u dan eindelijk weer binnen bent zal de pup met een diepe zucht een flinke plas doen. Want daarvoor had hij buiten natuurlijk geen tijd! Beter is het de pup, nadat hij zijn behoefte heeft gedaan, direct weer mee naar binnen te nemen. Een paar keer per dag mag hij

mee uit om z'n energie kwijt te raken en de wereld te leren kennen.

Natuurlijk komt het voor dat u te laat bent en de pup binnen al wat heeft gedaan. Het heeft geen enkele zin hem hiervoor te corrigeren. Hem met zijn neus door de plas of poep halen zorgt er alleen maar voor dat de pup bang voor u wordt. Ook als pups hun eigen nest bevuilen heeft het geen zin ze hier dan maar enkele dagen in te laten liggen (ook dit wordt helaas nog wel eens geadviseerd). De pup leert dan alleen maar dat het heel normaal is dat hij slaapt in een omgeving die hij zelf heeft bevuild en het wordt steeds moeilijker hem dit af te leren.
Ga in het begin, ook als de pup nog geen aanstalten maakt om iets te doen, gewoon vaak met hem naar de plek waar hij wat mag doen. Om de een à twee uur bijvoorbeeld. Als u hier dan even wacht tot hij wat heeft gedaan en hem er uitbundig voor beloont, zal hij des te sneller zindelijk zijn. Zorg dat die plek buiten niet te ver weg is, maar wel zo dat geen overlast veroorzaakt wordt en de ontlasting van uw hond gemakkelijk kan worden opgeruimd.
Leer de hond ook dat er verschillende plekken zijn waar hij zijn behoefte mag doen. Anders komt u als u de hond meeneemt op visite in de problemen, omdat zijn eigen plek niet in de buurt is.
Woont u op een flat of bent u niet altijd even snel ter plekke, leg dan in huis op verschillende plaatsen kranten neer. Zet de pup, iedere keer wanneer hij aanstalten maakt of heeft gegeten, geslapen of gespeeld, even op de krant. Na een paar

En hier mogen ze het overal doen

Aai ook over de zijkant

dagen zijn de meeste honden dan krantzindelijk. Nu vermindert u langzaam het aantal kranten totdat er alleen nog maar kranten liggen bij de voordeur. Als u die ten slotte weghaalt, zal de pup iedere keer wanneer hij wat moet doen naar de voordeur lopen. Heel gemakkelijk voor u om hem op te pakken en mee naar buiten te nemen. Als u een tuin hebt en niet wilt dat de hond daar zijn behoefte doet, kunt u deze beter niet gebruiken om hem zindelijk te maken. Dan verschuift u het probleem. Vindt u het niet erg, maak dan een plekje in de tuin waar hij het mag doen.

Borstelen

Het is een grote ergernis voor hondentrimmers en ook hondenbazen als ze iedere keer dat de hond moet worden verzorgd een heel gevecht moeten leveren. De hond spartelt tegen, hij wil van de tafel af of hij wil dat we van zijn pootjes afblijven. De pup heeft hier ofwel te weinig ervaring mee opgedaan en probeert een manier te zoeken om van deze nare ervaring af te komen ofwel hij heeft die manier al gevonden en het tegenspartelen heeft, tenminste een paar keer, al tot succes geleid. Dit moeten we dus proberen te voorkomen en we moeten de pup leren dat borstelen en verzorgen gewoon lekker en leuk is.

De aai-oefening is hiervoor natuurlijk de basis. De pup weet inmiddels dat aaien prettig is. U kunt ook al uw hand op iedere willekeurige plek op zijn lichaam stil laten liggen. De pup vindt het allemaal best en weet dat u hem geen kwaad doet. Nu kunt u verder. U pakt een babyborstel en laat deze goed aan de pup zien. Vervolgens legt u de borstel even opzij en begint

met gewoon aaien. U zit op de grond en de pup ligt heerlijk bij u te genieten. Als u hem even lekker aan het kroelen bent, pakt u de babyborstel en aait daarmee verder.
Ondertussen praat u weer heel rustig met de hond en doet alsof er niets veranderd is. De pup zal het dan als volkomen normaal ervaren. Nu borstelt u even achter de oren; de meeste pups vinden dit heerlijk. Let wel op dat er niet al wat klitten zitten, want als u de pup pijn doet, heeft hij een

Begin met een zachte borstel

slechte eerste ervaring met de borstel en u hebt een paar weken achterstand opgelopen. Als hij deze variant van aaien lekker vindt, gaat u verder. Over zijn lijf, op zijn buik en bij zijn achterpoten.
Vanaf nu kunt u er een heel leuke ervaring van maken. Hij vindt het immers lekker en een plezierige ervaring is al een beloning op zichzelf. U loopt naar de kast en zegt heel vrolijk 'borstelen'. U loopt met de pup naar een van de vaste aaiplekken en gaat daar zitten. U legt de borstel nog even opzij en gaat hem eerst aaien. U pakt de borstel en het feest kan beginnen. Als dit goed gaat, pakt u een andere borstel die meer geschikt is voor de vacht van uw puppy en begint hiermee te aaien. Zo went de pup aan het borstelen en zal hij hiermee later ook geen moeite hebben. Als u het volhoudt tenminste. Want als u denkt dat hij het nu allemaal wel weet en vervolgens borstelt u hem alleen nog maar als hij klitten heeft of als het hard nodig is, dan verdwijnt de positieve ervaring. Dit slaat dan heel snel om in een vervelende ervaring waar de pup onderuit zal willen komen. Het borstelen geeft u overigens tegelijkertijd de gelegenheid om heel intensief met de hond bezig te zijn. Hierbij kunt u prima oefeningetjes doen als zitten, liggen en staan. Dan kunt u de hond in elke positie borstelen en ook echt overal bijkomen.
Als de pup het borstelen op de grond lekker vindt, kunt u net als bij de basisoefening aaien de pup ook eens op een tafel borstelen. Handig om hem hieraan te wennen voor als hij straks een keer naar de trimsalon moet of om hem te leren dat op een tafel staan heel gewoon is, zoals bij de dierenarts.

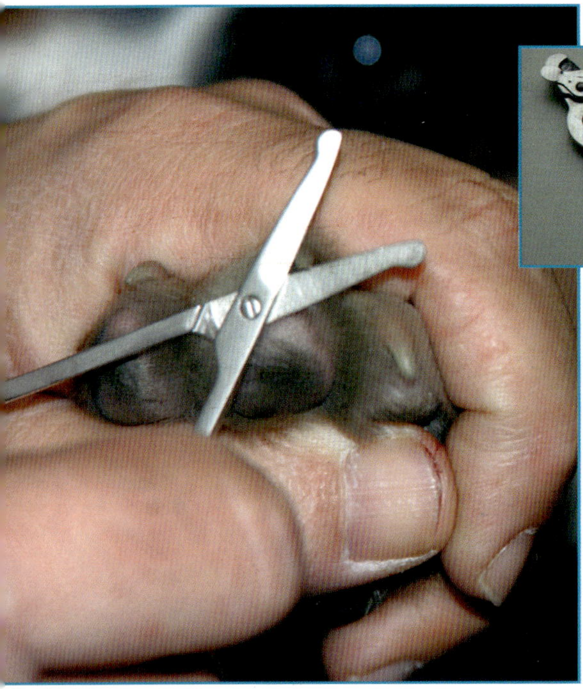

Nageltjes knippen: een heel klein stukje

Nageltjes knippen

Nagels van honden slijten gewoonlijk als ze buiten lopen. U hoeft er niet zo heel veel aan te doen. Als honden echter bijna alleen maar op gras of in het bos worden uitgelaten, kan het zijn dat de nageltjes niet hard genoeg slijten. Dan moeten ze regelmatig worden geknipt. Dit geldt overigens helemaal voor de nageltjes van de duimpjes, omdat deze de grond niet raken. Als u de nageltjes pas gaat knippen wanneer de hond er last van heeft of wanneer hij nog niet gewend is aan het knippen van de nageltjes, dan doet hij hier natuurlijk weer een negatieve ervaring op, wat later het nageltjes knippen alleen maar zal bemoeilijken. Daarom is het zaak dat u de hond er al vroeg aan went.

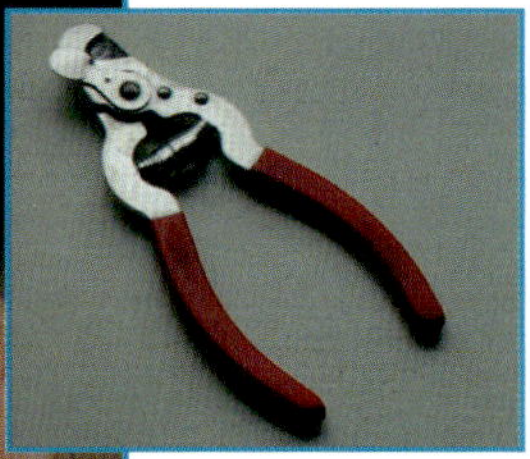

Laat hem eerst wennen aan het knippertje. Dit kan een gewoon nagelknippertje zijn, dat u bij de drogist kunt kopen of een speciale nagelknipper voor honden die u bij de dierenspeciaalzaak koopt. Leg tijdens het aaien de nagelknipper bij de borstel en besteedt er nog geen aandacht aan. Als de hond het aaien weer lekker vindt en rustig ligt te genieten, aait u zijn pootjes. U laat uw hand liggen op zijn pootjes, zoals bij de basisoefening aaien. Vervolgens kijkt u eens naar de afzonderlijk nageltjes. Dit doet u met uw ene hand terwijl u met uw andere hand het pootje blijft aaien. Dat was hij immers al gewend. Als hij dit helemaal accepteert (er is nog geen reden om dit niet te doen, tenzij u te snel en met te veel druk zijn pootje wilt vasthouden) dan pakt u het nagelknippertje en laat de pup er aan snuffelen. Dan legt u het weer weg. Dit herhaalt u een paar keer. Laat hem nu het knipgeluid horen. Nog steeds niets aan de hand en u her-

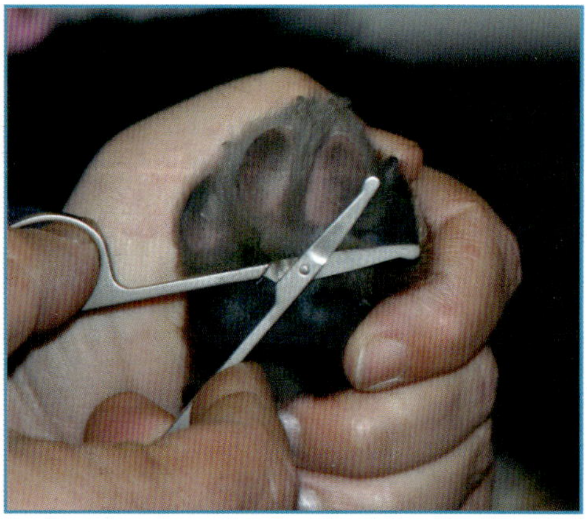

Haartjes knippen: een heel klein stukje

haalt dit een paar keer. Vervolgens pakt u een van de nageltjes en zet het knippertje hier even op. U knipt nog niet. Ondertussen of vlak daarna aait u gewoon weer verder. De volgende stap is dat u een millimeter van een nageltje afknipt. Uw houding en gedrag blijven hetzelfde als bij het gewone aaien, zodat de pup niet aan uw houding merkt dat er iets aan de hand is. Hij moet het nagelknippen als iets heel gewoons gaan ervaren. Nu legt u het nagelknippertje weer weg en aait nog even door. U gaat de volgende keer weer door met het volgende nageltje. Als u zo iedere keer tijdens het aaien en het borstelen een millimeter van een nageltje afknipt, groeien ze niet te ver door en hebt u nooit problemen met het nagelknippen.

Bij het afdrogen hoort hij niet te bijten

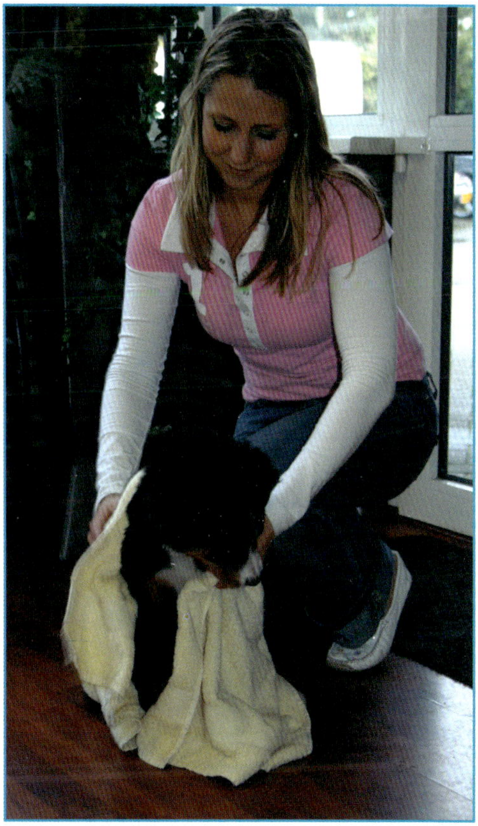

Het is geen spelletje

Pootjes afdrogen

Honden hebben helaas geen kaplaarzen die ze kunnen uittrekken als ze net in de modder hebben gespeeld. Het is dan ook absoluut niet consequent om honden te corrigeren als ze met hun vieze poten uw pas gedweilde keukenvloer bevuilen. Zeker niet als ze anders wel altijd in die keuken mogen komen. Daarom is het goed de honden te leren dat hun pootjes kunnen worden afgedroogd.
De basisoefeningen hiervoor zijn zitten, staan en aaien. Een leuke oefening is het pootjes geven en dit dan uitbreiden met

Zo gaat het beter

het geven van het andere pootje. Het grappige bij het pootjes geven is dat veel mensen dit ook zonder cursus wel voor elkaar weten te krijgen. Waarschijnlijk omdat het einddoel bekend is en men hier heel consequent mee omgaat.
Laat de hond zitten en houd een snoepje bij hem in de buurt. U bent dus al wat verder met de zit-oefening. De hond kan al even wachten op zijn beloning. U tikt vervolgens zijn pootje aan en pakt dit even op. Hieraan was hij al gewend door het aaien. Hij krijgt meteen zijn beloning, terwijl u zegt: 'pootje'. Dit herhaalt u een aantal keren, maar dit hoeft niet steeds achter elkaar. Wel gebruikt u in het begin maar een van de beide voorpootjes van de hond. Na verloop van tijd zult u merken dat hij zijn pootje zal heffen, nog voordat u het pootje aanraakt Vervolgens zorgt u ervoor dat uw hand eronder komt, als de pup het pootje optilt, zodat dat pootje op uw hand rust. En zo breidt u dit steeds verder uit.

Als dit goed gaat, tikt u met uw commando 'andere pootje', het andere pootje aan. U negeert nu zijn ene pootje en begint gewoon opnieuw met het aanraken van alleen maar het andere pootje. De pup zal proberen het gedrag te ontwikkelen dat hierbij hoort en als hij zijn andere pootje opheft, beloont u hem natuurlijk heel uitbundig.
Nu vraagt u de pup een pootje te geven terwijl u een handdoek in uw hand hebt. Hij legt zijn pootje in de handdoek en u aait hem even over zijn pootje. Dit doet u met steeds iets meer druk op het voetje, waarbij u na het afdrogen van het ene pootje het commando 'andere pootje' geeft en u dus allebei de pootjes kunt afdrogen.

En nu nog zijn achterpoten

De basisoefening hierbij is het staan. U hebt de hond al veel geaaid en overal aangeraakt tijdens het staan en nu gaat u iets verder. U tilt een van de achterpootjes op. Dit doet u door gebruik te maken van het kniegewricht. U pakt de hond onder zijn voetje (dat loopt helemaal tot aan zijn hiel) en 'vouwt' het pootje naar boven iets op. U aait zijn voetje en klaar is de oefening. Nu breidt u dit langzaam uit met de handdoek. Ik daag u uit om de hond ook te leren zijn achterpootjes te geven. U kunt dan direct bij mij in dienst komen als instructeur. Mij is het nog nooit gelukt, terwijl het wel mogelijk zou moeten zijn. Een hond kan immers ook zijn achterpoten optillen. Het enige wat wij moeten doen, is dit koppelen aan een commando.

Tandjes kijken

Geen hond vindt het van nature prettig als er iemand aan zijn bek komt. Bovendien is het vasthouden van de snuit een dominante handeling waar bijna iedere hond onderuit probeert te komen. We moeten de hond dus leren dat er niets ergs aan de hand is als wij aan zijn bekje willen komen. Doen we dit weer alleen maar als we er iets uit willen halen dat hij gepikt heeft, zodat we de bek bijna moeten openbreken, dan kunt u zich voorstellen wat hij de volgende keer zal doen: zijn kaken nog steviger op elkaar klemmen. Dus ook dit moeten we gewoon oefenen. De basis is weer de aai-oefening. De posities zoals zitten, liggen en staan kunnen variëren. U aait de hond en laat uw ene hand af en

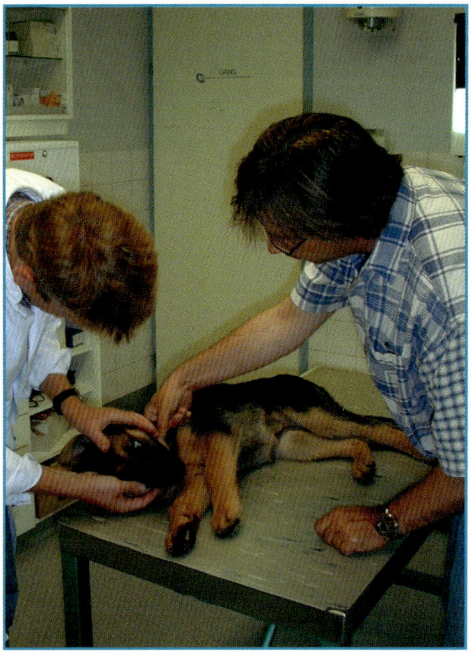

Hier is de tafeloefening goed voor geweest

toe een tel op zijn snuitje rusten, voordat u doorgaat met aaien van de rest van zijn lichaam. De pup vindt het allemaal wel best. Vervolgens tilt u heel even een lipje op, laat het weer los en aait weer verder. Hierna tilt u het lipje iets langer op en zo breidt u deze oefening steeds iets uit. U mag na het loslaten van het lipje de pup ook best belonen met iets lekkers. Dan koppelt hij het aan de bek zitten aan het krijgen van iets lekkers. Als dit goed gaat houdt u uw ene hand onder het kinnetje van de pup. Uw andere hand laat u even rusten op zijn snuit voordat u van voor naar achter over zijn kopje aait. U bent nog steeds geen bedreiging. Vervolgens tilt u weer de lipjes op. De toevoeging is nu uw hand onder zijn kinnetje. Als dit goed gaat tilt u, met de hand op zijn snuit, een keer beide lipjes tegelijk op. Heel even en u aait door of hij krijgt iets lekkers. Of allebei. De volgende stap is dat u even aan de tanden komt op het moment dat u de lipjes hebt opgetild. Ook weer maar heel even. Dit breidt u langzaam uit. Hierna probeert u zonder harde dwang heel even de kaken van elkaar te doen. Direct daarna uitbundig belonen door een snoepje in zijn mond te leggen. Tenzij hij zich loswurmt, want dan zou u hem belonen voor het loswurmen. U doet in dat geval gewoon een paar stapjes terug. U was waarschijnlijk iets te snel gegaan. Gaat het wel goed dan hebt u ook de basis gelegd voor het toedienen van pilletjes.

Tanden poetsen

Er is een aantal specialismen waar we met honden eigenlijk niet zo heel veel te maken hebben. Toch is dit aan het veranderen. Denk aan fysiotherapie en tandheelkunde. Met name het gebit van de honden verdient een veel betere verzorging dan die we al jaren gewend zijn te geven. Heel veel honden hebben last van tandsteen en stinken ronduit uit hun bek. Hieraan is gelukkig steeds meer te doen. Een leuke en zeer handige oefening hiervoor is het tandjes poetsen. Als u echter een borstel pakt en die zomaar in de bek van een hond steekt, zal iedere hond er een hekel aan krijgen. We moeten ze op een plezierige manier hieraan laten wennen. Dat kan met smeerworst. Doe wat smeerworst op een stevige tandenborstel en biedt deze aan de hond aan. Er is nog geen hond geweest die dit niet vreselijk lekker vond. Na een paar keer kunt u wat poetsbewegingen gaan maken en de pup zal het allemaal prachtig vinden. Na drie keer kunt u zelfs de tandenborstel gebruiken om de hond bij u te laten komen, zelfs al wordt hij door andere zaken afgeleid. Zo leuk vindt hij het. Dan hoeft u niet meer steeds smeerworst op de tandenborstel te doen. U doet er een keertje niets op of u doet er speciale hondentandpasta op, die u bij elke dierenarts kunt krijgen. Af en toe doet u er weer wat smeerworst op. De tandenborstel is ook een prima afleiding voor honden die altijd willen vechten met de borstel tijdens het borstelen van de vacht.

Toedienen van medicijnen

Als u pas begint met het aan de bek komen van de hond of het optillen van oogleden of het aan de oren komen, op het moment dat er iets aan de hand is, bent u veel te laat. De hond voelt zich al niet zo lekker en wil het liefst met rust worden gelaten. Als u dan ook nog eens aan dat ontstoken oog of aan dat zere oor gaat zitten, raakt hij behoorlijk geïrriteerd. U moet ervoor zorgen dat de hond op het moment dat u hem medicijnen moet geven, zo veel vertrouwen in u heeft dat hij het allemaal toelaat. Hij moet weten dat als de baas iets doet, dat altijd goed is.

Pilletjes

Er is een trucje om pilletjes te geven. U hebt drie stukjes worst waarbij u het pilletje 'verstopt' in het tweede stukje. Nu geeft u de hond het eerste stukje. Dit vindt hij heerlijk. Vervolgens geeft u hem het tweede stukje waarbij u het derde stukje al voor hem klaar houdt. Hij zal nu niet weten hoe gauw hij dat tweede stukje moet wegwerken (met dat pilletje erin) om dat derde stukje te krijgen. Het is handig om tegelijkertijd een van de basisoefeningen te doen. Die vond de hond al leuk en nu wordt het alleen maar leuker. Nu is er natuurlijk een aantal situaties te bedenken waarin de truc met de worst niet werkt. Als u uw hond medicijnen moet geven tegen darmstoornissen kan het zelfs helemaal niet verstandig zijn om met worst te werken. Dat zou alleen maar averechts kunnen uitpakken. Toch moet u ook dan in staat zijn om uw hond zijn medicijnen te geven zonder dat het een gevecht wordt. U zult uiteindelijk wel winnen, maar leuk is anders.

De truc met meerdere snoepjes

Als u de hond hieraan al went als hij nog pup is, is het probleem straks veel kleiner.

Ook nu werken we weer vanuit het aaien. Let hierbij wel op de juiste volgorde en de fase waarin u met de pup bent als u deze uitbreiding gaat proberen. U kunt al af en toe de kaken van de hond een beetje van elkaar halen. U kijkt dan even naar het keeltje van de pup en u viert deze handeling heel uitbundig met hem. Hij moet het tenslotte leuk gaan vinden. Die uitbundigheid kunt u later weer wat afbouwen. Gaat het goed, dan legt u eens iets lekkers op zijn tong, nadat u de kaken van elkaar hebt gehaald. Dat lekkers schuift u vervolgens steeds iets verder naar achteren op zijn tong. Hierbij let u er natuurlijk op dat een brokje niet zomaar in de keel van het pupje kan schieten. Als u eenmaal wat verder bent gekomen, dan haalt u bij de drogist een doosje met bijvoorbeeld vitamine C tabletjes. Die zijn absoluut niet schadelijk voor het pupje en het is goed oefenmateriaal. U houdt behalve dat vitaminetabletje ook een lekker hondensnoepje in uw hand. U doet de kaken weer iets van elkaar, legt het pilletje vrij ver naar achteren op de tong en doet de kaken weer op elkaar. U wrijft over zijn keeltje en als hij het pilletje heeft weggewerkt, hebt u zijn volgende beloning alweer klaar. Nu geeft dat niet, want op dit moment heeft hij geen darmstoornissen. Het gaat om de gewenning. Dit breidt u langzaam uit, u voegt wat basisoefeningen toe en u wacht steeds iets langer met de beloning. U gaat nu ook de beloning variëren. De ene keer iets lekkers, de andere keer een knuffel en weer een andere keer een spelletje of een rondedansje. Als hij het maar leuk vindt. Dan hebt u meteen, als u hem niet met een snoepje mag belonen, al voldoende ander beloningsmateriaal voorhanden. Vergeet dit niet te blijven oefenen, het hoeft niet meer iedere dag maar zo af en toe, juist als de hond niet ziek is.

Drankjes

Als u eenmaal de pilletjes kunt geven zonder gespartel, dan moet u ook gaan werken aan het toedienen van drankjes. Ook hiervan kunt u een heel uitbundig spelletje maken. Zolang u nog maar niets hoeft te forceren. Als u dit gaat oefenen, moet u inmiddels uitgebreid aan de bek van de pup kunnen komen. De kaken blijven nu op elkaar. U doet wat water in een oude injectiespuit (het mag ook een nieuwe zijn als de naald er maar af is). Laat de pup eraan snuffelen en spuit wat water weg. Misschien dat hij even schrikt, maar als u vrolijk doet, zal de pup er ook vrolijk op in gaan. Misschien gaat hij rondjes rennen en u uitdagen, wat aangeeft dat hij plezier heeft. U maakt er een spelletje van. Als de pup rustig is geworden (wacht hierop) gaat u een stapje verder en u spuit hem bijvoorbeeld op zijn pootjes nat. Een heel klein beetje maar en het feest begint opnieuw. U moet ervoor zorgen dat de pup ook rustig kan blijven, want anders wordt het alsnog een heel gespartel wanneer u hem zijn drankje moet geven. Het belangrijkste is nu wel dat de pup niet bang is voor de spuit. U legt de spuit rustig naast u neer en gaat de pup weer aaien. Als hij helemaal rustig ligt te genieten, tilt u zijn lipje op waarbij de kaken nu op elkaar blijven. U pakt rustig het spuitje en spuit zijn tandvlees een beetje nat. Doe dit wel aan de zijkant van het bekje, zodat u niet per ongeluk in zijn keel spuit. U blijft hem rustig aaien. Als dit goed gaat, doet u deze oefening vanuit het zitten. U brengt de spuit steeds iets verder naar achteren tussen zijn lipje en zijn tandjes. U probeert zijn kopje ook steeds iets meer omhoog te houden, zodat hij naar boven kijkt. Als dit lukt, spuit u steeds iets meer water in zijn bekje. Nu wacht u met belonen totdat hij het water heeft opgedronken. Ook deze oefening herhaalt u regelmatig waarbij u in de gaten moet houden dat als de verwachtingen hoog gespannen zijn, de prikkel steeds belangrijker wordt en de hond het gewenste gedrag gemakkelijker zal vertonen. Blijf dus bij alles regelmatig belonen. Het kan niet vaak genoeg worden gezegd.

Zalfjes

Soms heeft de hond een zalfje nodig. Als dit op zijn lichaam moet gebeuren, gaat dit vrij gemakkelijk, hij is immers al uitgebreid gewend aan het aaien. Het is wat moeilijker om zo'n zalfje aan te brengen in het oog van de hond. Meestal moet dat pas als het oog geïrriteerd is en dan vindt geen enkele hond het prettig als je aan zijn ogen komt. Ook hieraan moeten we de pup al wennen. Een andere reden is dat u de oogjes ook moet kunnen schoonmaken. Na een flinke strandwandeling bijvoorbeeld, zit er vaak wat zand in de ogen van de hond. Ook dat moet er zonder problemen kunnen worden uitgespoeld.
De basis is weer het aaien. U kunt uw hand al even op zijn snuitje laten liggen. Nu houdt u uw ene hand op het voorhoofd van de pup en uw andere hand op zijn snuit. Heel voorzichtig, maar zonder te aarzelen, trekt u even het onderste ooglid van de pup naar beneden. Nu ziet u het oogslijmvlies. Dit moet mooi roze zijn. U benadrukt heel rustig dat u naar zijn oogjes kijkt. Sluit de oefening af door even flink over zijn bol te aaien en te gaan spelen of door hem iets lekkers te geven.

Als dit goed gaat, pakt u een doekje en een bakje met wat lauwwarm water. Dit kan het best wat afgekoeld gekookt water zijn, want met deze oefening willen we natuurlijk geen oogirritatie veroorzaken. Nu gaan we op ongeveer dezelfde manier te werk als met het injectiespuitje. U maakt het doekje vochtig met het water en druppelt wat water op zijn neus. Hilariteit alom. Dit breidt u weer langzaam uit, ook met wat basisoefeningen. Vervolgens laat u een druppeltje water vallen in zijn oogje

Oefenen met oogjes druppelen

op het moment dat u het onderste ooglid naar beneden hebt getrokken. Vervolgens doet u wat u zelf ook graag doet als u uw eigen ogen spoelt, mensen met lenzen weten wat er wordt bedoeld. U wrijft even lekker (zachtjes!) over zijn dichte oogje. Daarna direct weer spelen, knuffelen of iets lekkers. Ook dit herhaalt u regelmatig. De ene keer wat water op zijn neus en dan weer in zijn oogjes. Zodat hij nooit precies weet wat er gaat komen.

Het kan ook zijn dat u een zalfje moet spuiten in de oren van de hond. Dit moet u niet met water oefenen, want dat is een vervelend gevoel. Wel kunt u de hond wennen aan de spuit in zijn oren. Opnieuw gebruiken we hiervoor de injectiespuit. Het enige wat u moet doen is die spuit even in zijn oren stoppen. Pas op, niet te diep! U hoeft het oor niet in te gaan. Vervolgens haalt u de spuit weer weg en masseert het oor. De meeste honden vinden dit zalig en duwen hun kopje helemaal scheef tegen uw 'masseerhand'. Op het moment dat u er echt een zalfje of smeerseltje in moet spuiten, moet u zorgen dat u dit doet in een ruimte waar het niet veel kwaad kan. De meeste honden gaan namelijk na de massage, waarbij u het medicijn goed verdeelt, met hun kop schudden. Dit betekent dat er van alles uit de oren door de kamer kan vliegen.

Eten

Het is belangrijk dat de pup weet dat hij zijn voerbak niet hoeft te verdedigen. Het is heel vervelend wanneer de baas absoluut niet in de buurt van de hond kan komen als hij staat te eten. Hiermee moeten we vanaf de eerste dag aan de slag.

De eerste paar keer gaat u gewoon op de grond zitten, terwijl u de pup zijn eten geeft. U zit er gewoon naast en er gebeurt niets. U kunt dit overigens vaak oefenen, want een pup moet nog vaak eten. De volgende stap is dat u naast de hond zit en wat lekkers in uw hand hebt. U laat die hand naast de bak rusten en laat de neus van de hond het werk doen. Toont hij interesse – en de meeste honden doen dat als het maar lekker genoeg is – dan krijgt hij het lekkers en u loopt gewoon weg. Einde oefening tijdens deze etensbeurt. Dit doet u een paar keer tot de hond al opkijkt als u eraan komt. Vanaf dat moment geeft u dat lekkers niet meer uit uw hand maar u doet het in zijn bak tussen zijn gewone voer. Hij zal nu eerst dat lekkers opeten en vervolgens weer doorgaan met zijn voer. Einde oefening. Doe dit een paar keer.

Als dit helemaal goed gaat, weet de hond na een paar keer dat u wat lekkers hebt. Nu houdt u uw hand even in zijn bak, de pup zal snuffelen, en u wacht een paar tellen voordat u het lekkers in zijn bak doet. De pup zal nu stoppen met eten als uw hand alleen maar naar zijn bak gaat. Dit is het moment waarop u de bak even oppakt en pas daarna het lekkers toevoegt. U zet de bak weer neer en de pup mag verder eten. Nu gaat u niet meer naast de pup zitten als hij eet, maar u komt per voederbeurt een keertje aanlopen met iets extra's. Hierna, en u bent nu al heel ver, pakt u de bak op en gaat hiermee naar bijvoorbeeld het aanrecht om er iets lekkers aan toe te voegen. Als u nu niet uitkijkt, komt uw pup u direct halen, omdat u vergeten bent er iets lekkers aan toe te voegen. Dit mag

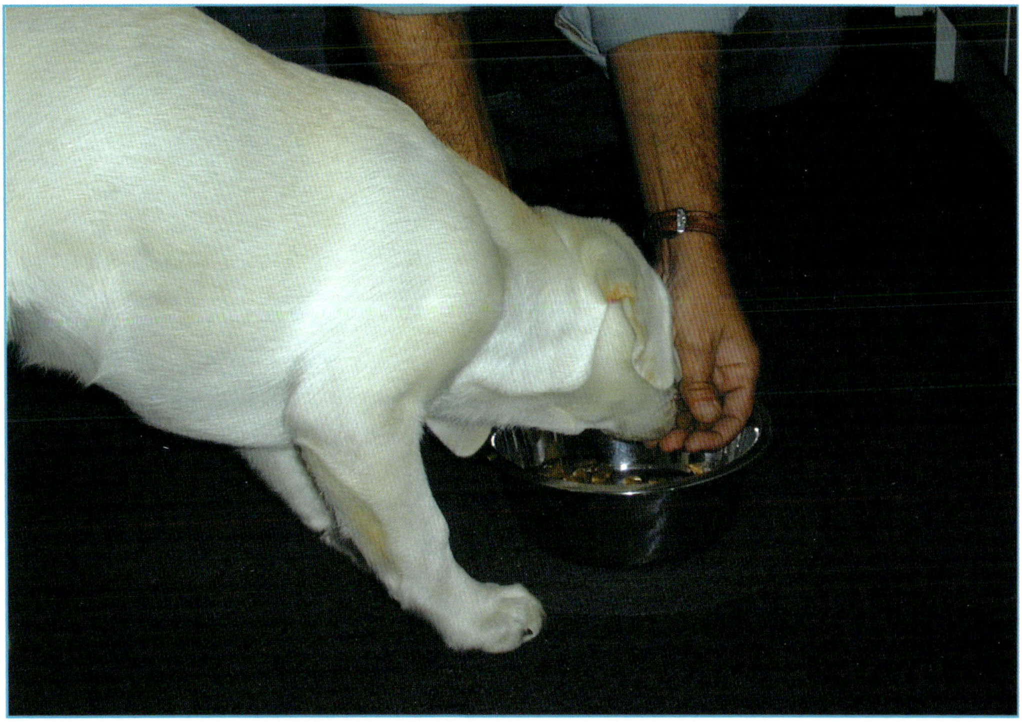

Iets lekkers erbij en hij leert het toestaan

natuurlijk niet, omdat de pup u dan commando's aan het geven is. Daarom doet u na verloop van een paar dagen niet meer iedere keer wat lekkers bij het eten. Gewoon af en toe, zodat het nooit een probleem is om in de buurt van de etende hond te komen. Soms oefenen mensen dit wel twintig keer per voeding. U kunt zich voorstellen dat een pup hier helemaal gek van wordt. Eén keer per voeding is meer dan genoeg.

Kluif

Bij een kluifje geldt eigenlijk hetzelfde. Heeft hij het eenmaal gekregen dan mag hij het verdedigen. Hierbij is de oefening wat moeilijker.

Het kluifje is op zichzelf al wat bijzonders en de baas zal dus met iets nog interessanters moeten komen om de pup te leren dat hij er beter van wordt als hij die kluif niet verdedigt. Alleen weten we niet waar dit ophoudt. Hoe voorkom je dat hij wat nog lekkerder is weer gaat verdedigen? Met andere woorden, dit houdt natuurlijk nooit op. Dat betekent dat we de hond moeten leren dat als hij een kluif heeft en wij in de buurt komen, wij geen bedreiging vormen. Als wij namelijk geen bedreiging zijn, dan hoeft hij ook geen agressie te ontwikkelen. Het heeft niets met dominantie te maken, zoals wel eens beweerd wordt. Dit geldt voor alle honden.

Zorg wel altijd voor vers drinkwater

In de eerste plaats is het belangrijk dat de hond een eigen plaats heeft waar hij niet gestoord wordt. Daar mag hij met die kluif naartoe, zonder dat wij hem storen. Toch kan het belangrijk zijn dat wij een kluif kunnen afpakken. Het laatste stukje van een buffelhuidkluif zorgt nogal eens voor problemen. Als het nog net niet klein genoeg is, proberen veel honden het toch al door te slikken en dat kan gevaarlijk zijn.

De hier-oefening is een goede mogelijkheid om hiermee om te gaan. We hebben tenslotte de hond geleerd dat komen bij de baas altijd vreselijk leuk is. U moet alleen zorgen dat de beloning nu interessanter is dan de kluif. Dit kan voor iedere hond verschillen, maar een stukje worst of een plakje kaas doet vaak al wonderen.

Nu moet u een en ander gaan afwisselen. De beloning voor het komen is dan niet alleen het stukje kaas, maar ook het feit dat de hond weer terug mag naar zijn kluif, of dat hij zijn kluif weer van u terugkrijgt. Als u dit maar vaak genoeg oefent met een voor de hond positieve uitkomst is het niet zo erg als u die kluif, als deze te klein is geworden, weggooit.

De ene keer roept u dus uw pup en krijgt hij zijn beloning. De andere keer loopt u naar de pup toe en houdt de beloning voor zijn neus. Zo went de pup meteen aan het feit dat er mensen naar zijn plaats toe komen zonder dat dit een bedreiging is. Sterker nog, dat het alleen maar leuk is. Nu geeft u de hond het lekkers terwijl u met uw andere hand het kluifje pakt. U moet wel snel zijn want u moet altijd voorkomen dat de pup op zijn kluif duikt en deze ook verovert. Anders leert u hem namelijk dat snelle acties en later agressiviteit succes opleveren. U moet hem voor zijn. Als hij het stukje worst nog in zijn mond heeft, biedt u hem dan de kluif weer aan. Voor de pup gaat het allemaal misschien wat te snel, maar dat geeft niet. Hij leert dat u hem die kluif teruggeeft.

Vervolgens verlengt u heel langzaam de tijd voordat de pup de kluif terugkrijgt. Tot een paar tellen. Daarna loopt u even weg met die kluif. Het is prima als de pup meeloopt. Dat mag u zelfs belonen. Na een paar pasjes krijgt hij dan zijn kluif weer terug. Natuurlijk mag hij hier niet naar happen. Om hem eraan te wennen dat u de kluif ook wel eens opbergt, loopt u naar de plek waar u de kluif wilt opbergen, terwijl u iets lekkers in uw hand hebt. U bergt de kluif op en lokt de pup mee naar een heel andere plek waar hij dat lekkers krijgt. Doet u dat niet dan loopt u het risico dat de pup zelf op zoek gaat naar zijn oude kluif. Hij leert zo zelfs kastjes open te maken of uit de vuilnisbak te eten. Is hij toch gefixeerd op die oude kluif, leg die dan weg op een plek waar hij er niet bij kan. Later kunt u dat stukje kluif altijd nog weggooien.

'Deze geef ik alleen nog af voor iets lekkerders…'

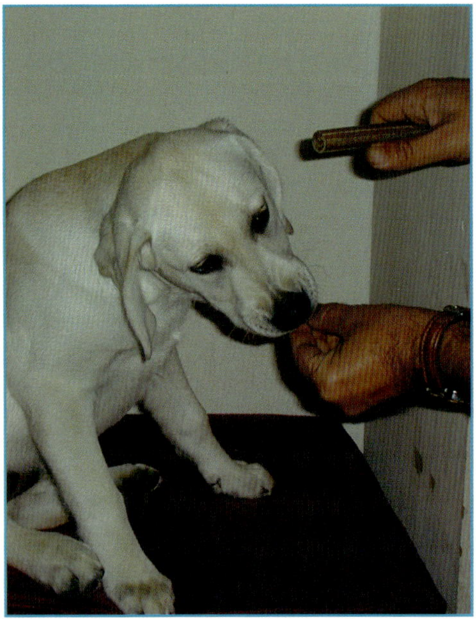

Ruilen voor een stukje worst

De pup wassen

Niet voor niets wordt het wassen van honden veelgebruikt in strips, tekenfilms en zelfs reclamefilmpjes. Gestuntel en overal rommel zijn natuurlijk dankbare onderwerpen. Was uw hond daarom nooit als hij alleen maar door de viezigheid heeft liggen rollen. U bent dan geïrriteerd en natuurlijk brengt u dit over op uw hond. Uw hond gaat tegenspartelen en het wordt een heel vervelende ervaring. Terwijl het allemaal ook zo anders kan. Er zijn dingen die een pup prettig vindt. Aaien, eten, spelen, knuffelen, enzovoort. Doe dit nu ook eens in de badkamer. Zonder verder extra aandacht aan die kamer te besteden. Til hem eens op en zet hem in het bad.

De pup zal dit raar vinden en als er nu ook iets raars of engs gebeurt, kunnen we ons inmiddels voorstellen hoe zijn gedrag later zal zijn. Er moet daarom nu iets gebeuren wat de pup inmiddels kent en waarvan wij weten dat hij het plezierig vindt. Aaien of eten bijvoorbeeld. Let wel op dat u hem niet gaat aaien als de pup heel bang is voor de gladde ondergrond van het bad, want dan bevestigt u zijn angst. Een vochtig handdoekje op de bodem is vaak al genoeg om die gladheid een beetje weg te nemen. Als de pup dit allemaal prima vindt, zet u hem in het bad terwijl er een heel klein laagje water in staat. Hij heeft buiten waarschijnlijk al eens in een plas gestaan, dus natte pootjes vindt hij niet zo erg. U gebruikt wel lauwwarm water. Ook kunt u de handdoek steeds iets natter maken totdat er vanzelf een laagje water in het bad staat. Nu aait u de hond terwijl u steeds uw hand natmaakt. Natuurlijk blijft hij rustig want het is gewoon een uitbreiding van de basisoefening aaien waarbij hij altijd al heel rustig is. Daarvoor is tenslotte die oefening.

Het water komt met iedere volgende stap iets hoger te staan. Als de pup helemaal gewend is aan het bad met wat water, zet dan ook eens een keer heel rustig de kraan open. Heel even en dan weer dicht. Steeds iets langer, totdat de pup ook hieraan gewend is. Vervolgens zet u een keer de handdouche aan. Heel even maar en daarna steeds iets langer. Als de kraan openstaat en de hond blijft rustig, mag u best een beetje spetteren.

Hierna laat u de straal uit de handdouche een keertje tegen zijn pootjes komen. En vervolgens steeds iets meer. Om hem te wennen aan shampoo, speciaal voor hon-

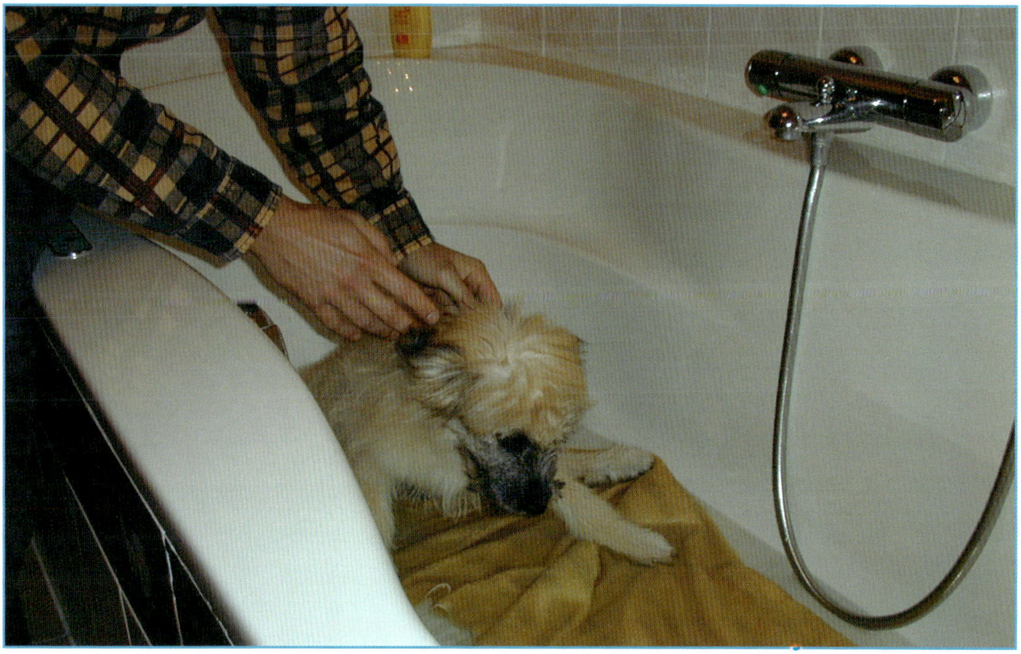

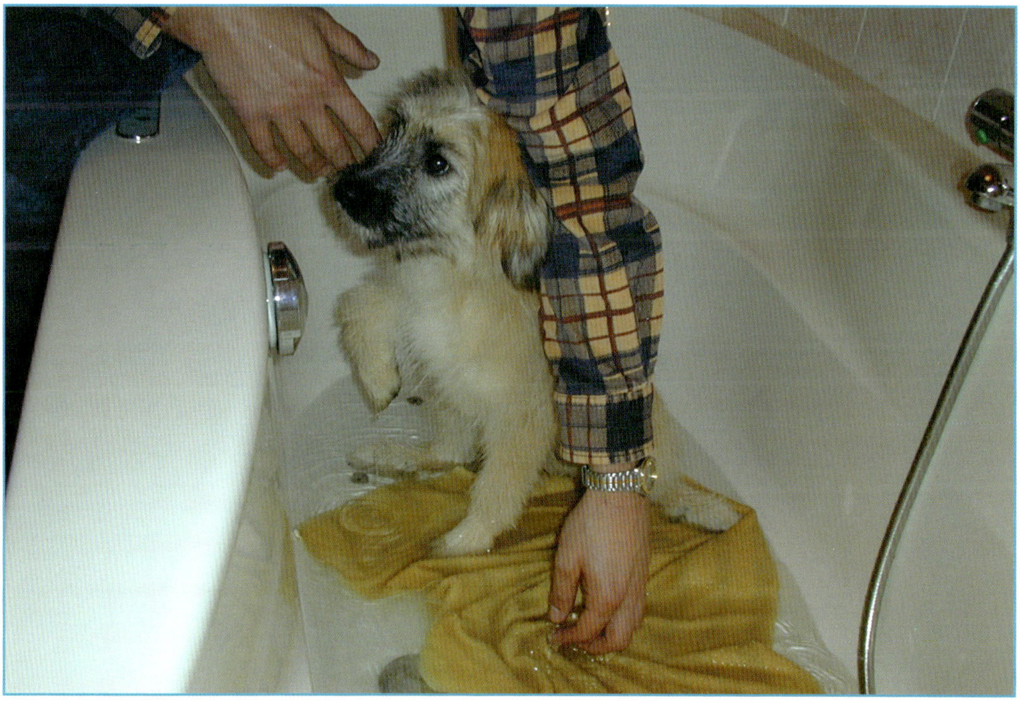

Rustig wennen aan het bad, zonder uit te glijden

den, zeept u eerst een keertje zijn pootjes in. En dan steeds iets meer. Na verloop van tijd is ook het wassen een gewoonte geworden. Laat de pup na het wassen wel goed droog worden in een warme ruimte, ook al hebt u hem natuurlijk goed afgedroogd. Anders vat hij kou. Hebt u alleen een douche, dan laat u in de douchebak een heel klein beetje water lopen en u doet vervolgens hetzelfde als bij het bad. De hond staat dan alleen wat minder diep. Natuurlijk hoeft de hond in bad ook niet zo heel diep in het water te staan. Dat is nergens voor nodig. Het afspoelen van de hond gebeurt toch immers alleen maar met de douche.

Omgaan met visite

Iedereen is trots op zijn puppy. Puppy's zijn leuk en vertederend. Op verjaardagen zijn honden vaak onderwerp van gesprek. Er zijn hondenliefhebbers, meestal mensen die een hond hebben, en hondenhaters, die honden maar vieze poepmachines vinden. De discussies kunnen hoog oplaaien. Dit tot groot ongenoegen van de gastheer en gastvrouw, want niemand ziet graag ruzie op zijn of haar feestje. Een tussenweg is helaas niet mogelijk. Frappant daarbij is dat iedereen puppy's wel leuk vindt. Alsof die niet poepen. Maar alle mensen die je tegenkomt, binnen of buiten, willen vriendjes worden met puppy's. Ze willen ze aaien, ze willen ze knuffelen en ze willen gewoon een beetje aandacht van die lieve kleine schepseltjes.

Zo ook de visite. Nu zijn er verschillende mogelijkheden. De pup vindt het allemaal maar een beetje eng en verstopt zich het liefst achter het behang, of de pup vindt al die aandacht prachtig. In het eerste geval is de baas een beetje teleurgesteld. Hij had gehoopt een dappere hond te krijgen en nu durft de pup als er visite is niet eens tevoorschijn te komen. In het achterhoofd speelt wellicht al een klein beetje de gedachte aan een miskoop. Dit is nergens voor nodig. De pup heeft nogal wat te verwerken gekregen en hij moet gewoon een beetje wennen aan al het nieuwe om hem heen. Dus ook aan de visite. De visite moet niet uit alle macht proberen toch vriendjes te worden met de pup. Alle menselijke gedachten en de hieruit volgende handelingen werken bijna altijd averechts. De mensen maken zich klein en gaan lokken, ze gaan zelfs liggen of proberen met hondensnoepjes het hondje naar zich toe te lokken. In alle gevallen wordt de hond beloond voor zijn angst en leert hij dat dit gedrag het juiste is. Een andere manier voor de hond die iets dapperder is, of zich wellicht nog iets meer in het nauw gedreven voelt, is een keer te blaffen. Dit wordt dan vaak met veel hilariteit begroet. 'Hij kan ook al blaffen' en 'Nu ben ik pas echt bang voor je' of 'Jij bent al lekker waaks, zeg', waarna men meestal stopt met de aandacht voor de pup. De pup heeft nu al geleerd dat agressie een goed middel is om dreigende situaties te lijf te gaan. En dat willen we eigenlijk altijd voorkomen. Deze situatie doet zich overigens ook vaak voor bij de deurbel. De deurbel gaat, de leider staat op en geeft hiermee aan dat er iets aan de hand is en loopt naar de voordeur. De hond volgt zijn leider naar die voordeur, die tevens de grens van het territorium is. De deur gaat open en jawel hoor: indringers!! Een mooiere gelegenheid om zijn agressie te tonen en de baas te helpen het kwaad te verdrijven is eigenlijk haast niet mogelijk. Als de pup dan ook beloond wordt, zal dit gedrag steeds erger worden. En we belonen de pup dan ook vaak zonder dat we het weten. We kunnen toch niet van een pup verwachten dat hij begrijpt dat 'Nee hoor, het is goed' slaat op de visite en niet op zijn gedrag. Zeker als het rustig wordt uitgesproken. De pup ziet dit natuurlijk als een bevestiging. Wat u wel moet doen is de pup leren dat visite erbij hoort en absoluut geen bedreiging vormt. Dit kan het beste door de pup die bang is of die agressie ontwikkelt volkomen te negeren. We leren hem dan dat zijn gedrag niet het door hem gewenste resultaat oplevert. Hij

Bij visite met vier pootjes op de grond

heeft geen succes. De visite negeert de hond ook en doet net alsof er niets aan de hand is. Dan nog maar even geen vriendjes met de pup. De baas reageert zonder agressie, de visite besteedt geen aandacht aan de hond en is dus geen bedreiging en er wordt absoluut geen aandacht geschonken aan de aanstellerij van de pup. Er wordt dus ook geen gedrag bevestigd. En zo hoort het. Na verloop van tijd zal de pup uit zichzelf wel komen. Hij zal best nieuwsgierig worden. Op dat moment mag hij best met iets lekkers worden beloond. Dat gedrag willen we namelijk vaker zien. Gewoon vriendelijk zonder echter opdringerig te worden.

Nu zijn er ook pups die visite prachtig vinden en steeds geweldiger. De eerste keer dat ze de visite zien springen ze op, ze bijten in mouwen, ze likken aan de mond en ze trekken aan haren. De visite vindt het allemaal prachtig, want zo veel aandacht van een levend wezen krijgen ze maar zelden. De pup wordt dus continu beloond voor dit gedrag. Totdat hij groot genoeg is om iemand omver te springen of om tegen iemand op te springen nadat hij net in de modder heeft gelopen. Dan is het niet zo leuk meer en moet het eerst volop aangeleerde gedrag weer worden afgeleerd. Wat een verspilling van tijd en moeite! We zijn al een eind op weg als we de pup leren om zich te beheersen bij de begroeting zonder dat hij het minder leuk gaat vinden om mensen te begroeten.

Het opspringen van pups komt vaak doordat we onze handen te hoog houden. De pup springt op en we belonen hem door hem te aaien en onze stem vrolijk te laten klinken. Hij leert nu dus dat dit gedrag goed is.

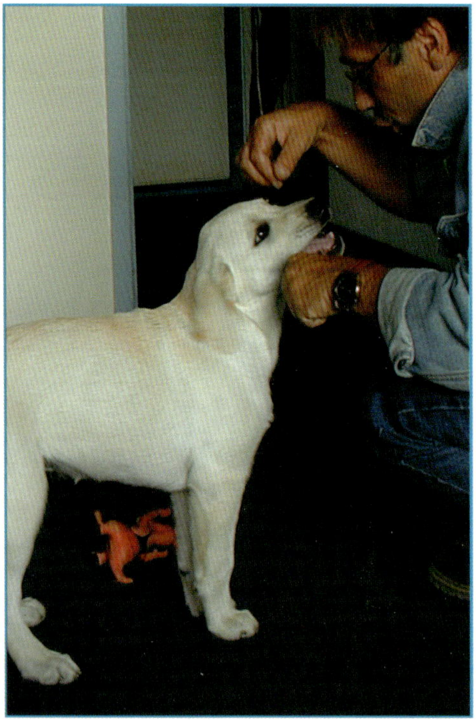

Als je op een duim bijt, krijg je niets lekkerders

Veel beter is het om de visite direct te betrekken bij de opvoeding. Zet een grote pot met hondensnoepjes bij de deur. Als de visite innenkomt, moeten ze u begroeten en de pup volkomen negeren. Wat de pup ook doet om aandacht te trekken. Hij zal proberen de visite tot aandacht te dwingen, maar u moet sterk zijn. Hoe verleidelijk die kleine kraaloogjes ook zijn. De visite of uzelf loopt nu naar de pot en pakt een snoepje. De pup loopt nog steeds te drentelen, maar krijgt nog niks. U geeft het snoepje aan de visite, als ze dat snoepje niet al zelf gepakt hebben, ze gaan op hun hurken zitten en geven het snoepje als de pup met vier pootjes op de grond staat. Nu leert de pup niet alleen dat visite inderdaad leuk is, maar ook welk gedrag hij moet vertonen om aandacht te krijgen. Tien tegen één dat de hond na verloop van tijd niet meer staat te drentelen bij de voordeur maar alvast naar de pot toeloopt. Hiervan kunt u zelfs een oefening maken. Laat een goede vriend maar eens tien keer aanbellen. Nu bent u echt aan het conditioneren.

Dit kan overigens ook met bange pups. Als ze na verloop van tijd de visite toch wel willen besnuffelen en hiervoor ook worden beloond, zullen ze dat ook durven als de visite zich op verschillende plaatsen in huis begeeft. Zo breidt u dat steeds verder uit naar de hal waar u ook bij deze pup een pot vol hondensnoepgoed hebt staan. Dan komt het allemaal best goed.

Corrigeren

U ontkomt er niet aan dat de pup moet worden gecorrigeerd. Pups kluiven op de tafelpoot, ze stelen het speelgoed van de kinderen, ze vragen continu om aandacht of ze bijten te hard in uw handen tijdens het spel. Nu kunt u de hond natuurlijk een draai om zijn oren geven, maar dit is niet zo verstandig. Er zijn betere manieren te bedenken, als u er maar wat moeite voor overhebt. En natuurlijk hebt u dat. Uw stem is hierbij heel belangrijk. Er wordt immers in de natuur ook vaak eerst verbaal gecorrigeerd. Nu hoeft u niet te gaan grommen tegen de hond, maar een snauwklank is vaak al prima. Als u de hond hieraan maar vroeg went.
Er zijn heel globaal twee situaties te bedenken waarbij de hond ongewenst gedrag gaat leren. De eerste is dat hij

wordt beloond voor gedrag dat we later eigenlijk niet meer willen. Dus moeten we dit gedrag gaan negeren en ervoor zorgen dat hij niet beloond wordt. Dan zal hij zoeken naar gedrag waarvoor hij wel wordt beloond. Dit kunnen we dus eigenlijk uitstekend zelf sturen. Voorbeelden hiervan zijn het trekken aan de lijn, het blaffen of opspringen tegen visite, het bedelen en natuurlijk het aangeven dat hij naar buiten wil (zie 'Zindelijk maken').

Corrigeren met uw stem

Een andere situatie is het wanneer de hond moet leren dat sommige dingen wel mogen en andere niet. Hij mag bijvoorbeeld wel kluiven aan zijn bot, maar niet aan de tafelpoot. Hij mag wel een snoepje aanpakken uit onze hand, maar niet van de tafel of van de grond eten. Als we in huis spelen met bijvoorbeeld een balletje of een oude lap, dan mag hij dat wel oppakken als we dat weggooien, maar hij mag niet aan het speelgoed van de kinderen komen. We kunnen niet van een pup verwachten dat hij dit allemaal direct weet. Als we hem enorm op zijn kop geven als hij trots een door hemzelf gevonden en gevangen teddybeer komt brengen en hem wel belonen als hij zijn balletje komt afgeven, dan is het toch logisch dat hij er helemaal niets meer van begrijpt. Hij moet dit leren. Dat kan door hem te leren wat 'nee', of 'niet doen' betekent. Hiervan maken we een oefening.

U pakt een snoepje en legt dat op uw vlakke hand. De pup mag het pakken. Dit doet u een paar keer. Nu legt u het snoepje opnieuw op uw vlakke hand en u zegt niets. De pup wil het weer pakken, maar nu sluit u snel uw hand en zegt duidelijk en heel kordaat 'nee'. De pup vindt het een rotstreek. U doet uw hand weer open en u laat zien dat er niets meer in die hand zit. U moet dus even goochelen om snel dat snoepje eruit te halen. Dit oefent u een aantal keren: snoepje erin leggen en hij mag het pakken, terwijl u niets zegt. Dan een keer uw hand sluiten en duidelijk 'nee' zeggen. Het is belangrijk om daarna te laten zien dat er niets meer in uw hand zit. Hij begrijpt er in het begin niets van. Hij is wel aan het leren. Hij zal in het begin allerlei gedrag gaan vertonen om dat snoepje te pakken. U laat hem rustig zijn gang gaan. Pas als hij doorheeft dat er na 'nee' toch niets meer in uw hand zit, zal hij de correctie doorkrijgen. Na een aantal

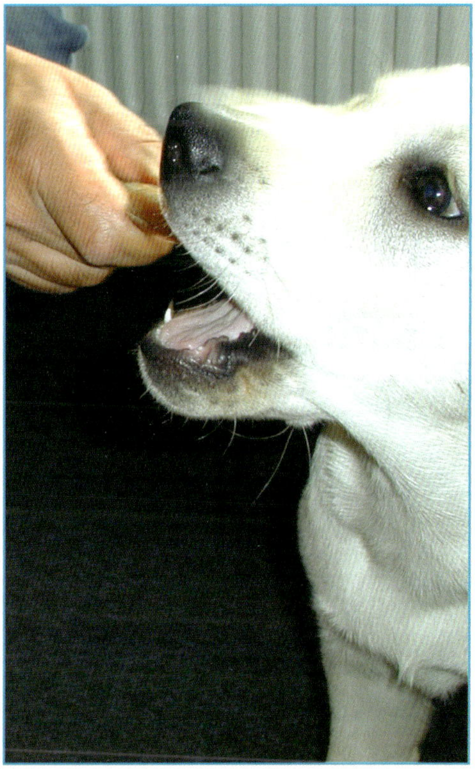

Als u even niet oplet, zitten ze op tafel

keren kan de pup zelfs terugdeinzen bij uw woordje 'nee'. Hij begint het door te krijgen. Het gaat er hierbij absoluut niet om dat de hond leert dat hij het snoepje niet zomaar mag pakken. Het gaat erom dat hij een vervelend gevoel krijgt bij het woordje 'nee'. Pas dan kunnen we dat woordje als correctiemiddel gaan inzetten.

Het woordje 'nee' zorgt ervoor dat hij zich niet plezierig voelt en hij zal het gedrag dat dit woordje veroorzaakte, gaan vermijden. Hij leert nu dat 'nee' helemaal verkeerd is. Denk het u zelf eens in. Iemand steekt zijn hand naar u uit en biedt u geld aan. Op het moment dat u het wilt pakken, doet hij zijn hand dicht en zegt 'nee'. U voelt zich opgelaten en houdt een negatief gevoel over aan het woordje 'nee'. En dat is wat we willen bereiken bij de pup. Niet dat hij zich opgelaten voelt, maar dat hij zich onplezierig voelt bij 'nee' en stopt met waarmee hij bezig was.

Als de pup aan de tafelpoot ligt te knagen, hoeft u nu alleen maar duidelijk 'nee' te zeggen. Het is niet zo erg als hij hier een keer van schrikt. Als u dan maar niet gaat mopperen, want dat gebeurt nogal eens. De pup kluift op de tafelpoot en u gilt 'nee'. De pup schrikt en kijkt u met grote ogen aan. U zegt dan – menselijk gezien heel logisch – 'Wil je dat wel eens laten', maar nu corrigeert u hem voor het naar u kijken. En dat is jammer, want bij een andere oefening wilt u juist heel graag dat hij u aankijkt. Op het moment dat hij kijkt, moet u hem belonen. Met uw stem of met iets waarop hij wel mag kluiven. Zo kunt u bijvoorbeeld ook eens een keer het speelgoed van de kinderen op een verleidelijke plek neerleggen en de pup op deze manier leren dat zijn gedrag niet altijd even gewenst is.

Harde jongens

Sommige pups trekken zich helemaal niets aan van die hand met dat snoepje. Ze vinden het maar een raar spelletje en richten al heel snel hun aandacht op iets anders waarmee ze kunnen spelen. Hier zult u wat drastischer maatregelen moeten treffen. In eerste instantie probeert u de hond met uw stem te corrigeren. Een hard 'nee' of 'foei' kan de pup vaak al afleiden van waar hij mee bezig was en waarmee u niet zo blij was. Hierbij geldt natuurlijk weer dat als hij is afgeleid, u hem beloont en niet gaat namopperen. Lijfstraffen voor honden kunnen soms helpen, maar die zal ik niet beschrijven. Ik vind dat die alleen onder deskundige begeleiding mogen worden gegeven. Als u echter heel snel met de pup naar een puppycursus gaat, komt het allemaal goed.

Bedelen

We richten de hond er volledig op dat hij voedsel krijgt als hij iets goed doet. De pup zal dit vrij snel in de gaten hebben. Hij krijgt iets als de visite binnenkomt, hij krijgt iets als hij gaat zitten of liggen, hij krijgt iets voor het geven van een pootje en zijn plaats is ook al plezierig gemaakt met behulp van iets lekkers. Het is dan best een beetje begrijpelijk dat hij ook in

Nee

andere situaties probeert om wat lekkers te krijgen. Als wij aan het eten zijn bijvoorbeeld, of als wij iets lekkers hebben bij de koffie. Vaak krijgt de hond dan ook iets lekkers, in veel gevallen een kluifje, maar soms ook iets van ons lekkers. Dat eerste is goed, dat tweede kunnen we beter niet doen. Mensensnoep is helemaal niet gezond voor honden, zeker niet voor honden die hun tanden niet poetsen en dat zijn de meeste. We moeten alleen oppassen dat honden niet zelf gaan vragen om hun lekkers bij de koffie. Want we

'Heb ik gestolen, enne dit moet ik maar vaker gaan doen'

weten inmiddels dat honden situaties kunnen gaan herkennen en hierop gaan anticiperen. We maken hier zelfs graag gebruik van bij de uitbreiding van de basisoefeningen.

We kennen het allemaal, het hondje dat gaat zitten morren, piepen of zeuren als hij zijn lekkers niet heeft gehad. De baas of bazin loopt dan gauw, zich ondertussen verontschuldigend, naar de kast om alsnog wat lekkers voor de hond te pakken. 'Ach, ben ik jou vergeten, het beste paard van stal, kom maar gauw' en de hond heeft geleerd dat zeuren om iets lekkers ook werkt. Hij leert nu te bedelen. Natuurlijk is het moeilijk om die kraaloogjes te weerstaan en is het leuk om te zien hoe hij al het aangeleerde gedrag in de strijd werpt om toch maar zijn beloning te krijgen. Hij gaat zitten, liggen, pootjes geven en noem maar op. Hiervoor kreeg hij eerst toch ook een beloning? Dat is wel zo, maar niet op zijn eigen initiatief. U moet hier dus niet op ingaan, want dit zijn slimme trucjes van de pup om langzaam de leiding over te nemen. Vaak met succes.

Trappen lopen

Als het goed is hebt u van de fokker of van de dierenarts te horen gekregen dat het helemaal niet goed is om uw pup trappen te laten lopen. Dit is nog niet goed voor zijn beendergestel. Bovendien heeft een hond geen sleutelbeenderen en bij het de trap aflopen rust het hele gewicht op de voorhand. Deze kan dan overbelast raken. Aan de andere kant is het wel verstandig om uw pup te leren traplopen. Als u hiermee pas begint wanneer hij een jaar oud is, is hij inmiddels gewend aan het tillen en kan de angst voor de trap alleen maar groter zijn geworden. Dan wordt het aanleren veel moeilijker. Dit betekent overigens niet dat u uw pup al volop trappen moet laten lopen. U moet het hem alleen aanleren. Ook hier geldt weer dat het verstandig is dit stap voor stap aan te leren. Of beter gezegd: 'tree voor tree'.

'Mag ik het'

Naar beneden

Begin heel simpel. Leg een houten plaat op een kleine verhoging. Gebruik desnoods een paar dikke boeken hiervoor. Zet de pup op de plaat en lok hem met een snoepje eraf. Om hem te laten wennen aan de plaat, laat u hem er eerst even op zitten en doet u wat oefeningetjes zoals u ook al op een tafel hebt gedaan. Pas dan laat u hem eraf gaan. Vervolgens maakt u een extra tree op de plaat. Zorg er wel voor alles stevig staat, zodat het niet gaat wiebelen. Nu moet hij twee treden af. Als dit goed gaat, gaat u naar uw eigen trap en als u geen trap hebt, zoekt u buiten iets op met een paar treden. U zet de pup op de onderste tree, even laten zitten en hij mag eraf. Vervolgens op de één na onderste tree en zo werkt u langzaam naar boven. Stapje voor stapje. Tot hij het volledig beheerst.

U moet er wel rekening mee houden dat het aanleren van traplopen een paar nadelen heeft. Omdat u de pup leert dat samen dingen doen leuk is, zal hij ook het traplopen leuk gaan vinden. Er bestaat dan een kans dat als hij het eenmaal beheerst, hij niets liever doet dan de hele dag de trap op en neer lopen. Dit moet en kunt u voorkomen door bijvoorbeeld een traphekje te plaatsen. Een ander nadeel is dat

'O, jee'

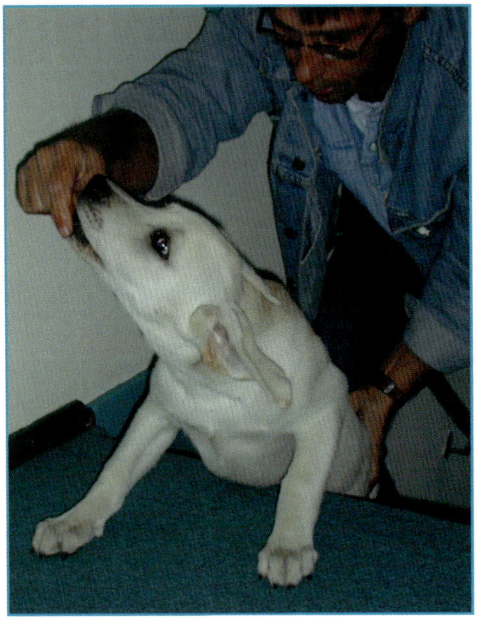

Rustig wennen vanaf de op een na hoogste tree

mensen met grote honden eerder geneigd zijn hun hond niet meer op te tillen. Hij kan immers al trappen lopen en hij wordt nu wel erg zwaar. Bedenk echter dat juist grote honden langer moeten worden opgetild dan kleine hondjes.

Naar boven

Naar boven lopen is wat eenvoudiger. Het is voor de pup minder eng omdat hij niet 'in een gat kijkt' en u bent waarschijnlijk iets minder bang dat hij naar beneden valt, omdat u nu wel vlak achter hem kunt blijven. U doet nu eigenlijk een beetje hetzelfde als bij het naar beneden lopen. U zet de pup op de bovenste tree en laat hem naar de eerste verdieping 'klimmen'. Dan een tree lager, enzovoort. Het is verstandig om ook bovenaan de trap een traphekje te plaatsen.

Praktijkoefeningen buiten

U weet, dat u de pup regelmatig mee naar buiten moet nemen om hem te wennen aan allerlei verschillende situaties. Hierbij mag het echter niet blijven. U moet hem ook leren omgaan met al die verschillende situaties. Uw pup zal namelijk reageren op alle prikkels die hij te verwerken krijgt. En dat kan voor iedere pup weer anders zijn. De ene pup wil overal op af, de andere kruipt liever weg. Daarbij zal de pup keuzes moeten maken. Hij kan niet met alle prikkels tegelijk omgaan. Hij zal zich op één prikkel moeten gaan richten. Als er aan de overkant van de straat een andere hond loopt en op twintig meter afstand komt net een van de kindertjes aanlopen, dan zal de pup moeten kiezen waar hij naartoe wil. Als er dan ook nog eens een grote enge vuilniswagen met veel lawaai langsrijdt, wat weer bedreigend kan zijn, wordt het helemaal moeilijk. Wat moet hij? Hij zal de prikkels dus tegen elkaar moeten afwegen en kiezen voor de meest belangrijke. Ervaring in het omgaan met die prikkels wordt nu heel belangrijk.
Wij moeten hem hierin volledig steunen en natuurlijk ook sturen in de richting die wij graag willen. Als de bedreiging van de vuilniswagen heel groot is, zal de pup het liefst willen vluchten. Als we dat toestaan waardoor de dreiging van de vuilniswagen verdwijnt, zal de pup leren dat zijn omgang met die angst terecht was. Hij zal in deze situatie dus steeds opnieuw vluchtgedrag gaan vertonen. Dat geldt dan ook voor mensen die langslopen, voor honden die langslopen, voor fietsers, enzovoort. Hij breidt zijn angstgedrag uit. Als u de pup niet toestaat om te vluchten,

En vanaf de laagste treden weer naar beneden

maar hem negeert, zal hij merken dat die vuilniswagen vanzelf verdwijnt. Als u hem niet toestaat om bang te zijn voor een container op straat en er drie keer langsloopt zonder aandacht aan die container te schenken, zal de pup merken dat die container hem niet achterna komt en hij er zich dus geen zorgen over hoeft te maken. Als hij merkt dat kleine kinderen rennen omdat ze krijgertje spelen en veel lawaai maken omdat ze dat nu eenmaal leuk vinden en ze dat niet doen omdat ze de pup willen opeten, dan leert hij dat dit past bij het normale straatbeeld. Als hij ziet dat treinen stoppen op stations en dat er veel mensen uitstappen zonder dat die mensen zich voor hem interesseren, leert hij dat dit normaal is en dat hij zich nergens druk over hoeft te maken. U moet dit niet forceren, wat nog wel eens gebeurt. Bijvoorbeeld: een pupje staat op de rem als hij iets engs ziet en de baas wil hem er dan uit alle macht even aan laten snuffelen. Hij gaat er op zijn knieën bij zitten, klopt ertegen, praat zacht dat het eigenlijk iets heel liefs is en vestigt zo juist alle aandacht op de angst van de hond. Dit werkt dus averechts.

Veel beter is het om de pup op uw arm te leren wat er allemaal gebeurt in die grote enge wereld. Maar neem hem niet op uw arm als hij is geschrokken, want dan bevestigt u zijn angst. Neem hem op uw arm mee naar buiten, u voelt vanzelf of uw pup toe is aan wandelen en onderzoeken. Trilt hij of kruipt hij in uw jas weg, dan kunt u hem beter op uw arm houden. Wil hij uit uw armen springen om de boel te verkennen, laat hem dan maar onderzoeken. Zet hem echter niet op de grond als hij spartelt om op de grond te komen.

Veilig op de arm

Hij leert dan weer dat hij alleen maar hoeft te spartelen om te worden neergezet en het is niet aan hem om dat te bepalen. Dat doen wij wel.
Inmiddels heeft de pup op een positieve wijze met dreiging leren omgaan. Prima. Dit betekent echter automatisch dat die prikkel buiten minder belangrijk zal worden en dat hij zich op andere dingen gaat richten. Nu wordt dat kind dat eraan komt lopen of die hond aan de overkant ineens belangrijk. Daar wil hij nu ineens wel heen. Ondanks die vuilniswagen. Als u vindt dat hij daar ook inderdaad naartoe mag, kunt u hier natuurlijk direct weer een oefening van maken. Hij komt daar niet als hij trekt aan de lijn. Als hij netjes wacht, komt het kind vanzelf of u loopt er met de pup naar toe, mits hij niet trekt aan de lijn. Dit betekent ook dat u het kind moet vertellen wat het moet doen. Het kind mag de hond namelijk niet belonen zolang hij trekt aan de lijn. Ook al staat u stil. Nu is dat het kind wel aan te leren, maar u moet het ook tegen die wildvreemde persoon zeggen die de pup wil aaien. U ziet, het gaat allemaal niet vanzelf.

Het mooie van deze situatie is, dat ook al zou een kind of een andere hond de allerbelangrijkste prikkel zijn, de pup leert dat hij daar helemaal niet komt, maar dat wel de tweede prikkel (u dus) zorgt voor een beloning. Het kind komt naar hem toe of hij mag naar het kind toe. Op deze wijze leert de pup dat er vaak alternatieven zijn die ook leuk zijn, in plaats van die ene allesoverheersende prikkel. De beloningen liggen dan wel op straat maar sommige 'beloningen' zien wij helemaal niet zo zitten. Ook het najagen van een trimmer kan een beloning zijn voor de pup, of het opeten van de postbode. Dit mag hem natuurlijk nooit worden geleerd. Wij moeten de pup sturen, zodat hij zich later als volwassen hond richt op onze goedkeuring. Dat zou het mooiste zijn.

Omgaan met angstprikkels

Hoewel iedere pup anders is, moet er duidelijk aandacht worden besteed aan de socialisatie. De ene pup zal nergens voor terugdeinzen en de andere pup zal bij alles eerst even de kat uit de boom willen kijken. Juist bij deze laatste groep is de rol van de baas enorm belangrijk, om te zorgen dat deze pup niet opgroeit tot een bange hond. Ook hier moeten we onze menselijkheid proberen uit te schakelen.
Bij een angstaanjagende prikkel mag een hond best schrikken. Dat is eigenlijk een heel goede reactie, die alleen maar aangeeft dat zijn zintuigen goed werken. Het gaat er om hoe hij die prikkel verwerkt, want dat is de basis voor zijn latere gedrag.

... en wennen

Knallen

Rond december, en in sommige gebieden zelfs al veel eerder, krijgt een hond te

... *en wennen*

maken met vuurwerk. In de zomermaanden zal het zo nu en dan onweren. De vroegere Galliërs dachten dat dan de hemel naar beneden kwam en sommige honden lijken dat ook te denken. Ze hijgen, klappertanden en proberen te vluchten. Nu is het heel vervelend zo'n klappertandende hond naast ons of bij ons in de buurt te hebben. En het moet voor de hond ook heel onaangenaam zijn. We kunnen de honden leren omgaan met knallen en ook al zijn niet alle knallen gelijk, als wij ons gedrag aanpassen aan de situatie zal de hond heel gemakkelijk hieraan wennen.

We kunnen hier zelf ook wat aan doen. Vul een ballonnetje met een klein beetje water. Rol het ballonnetje buiten een stukje weg. Door het rollen van de ballon zal de pup hier achteraan willen. Moedig hem aan. Als zijn scherpe tandjes de ballon stukbijten, klinkt er een zachte plof. De pup schrikt even van het water, maar u lacht en reageert vrolijk. De pup gaat het zo vanzelf leuk vinden. Na een aantal ballonnetjes met alleen maar water blaast u nu een klein beetje lucht in de ballon. De pup weet inmiddels dat het stukbijten van zo'n ballon grote pret is.

Als de knal nu iets harder is, zal hij zich hierdoor niet laten afschrikken. Na een paar keer blaast u steeds iets meer lucht in de ballon of iets minder water, tot het moment dat de hond eigenlijk alleen nog maar 'lacht' om knallen. Natuurlijk heeft de 'ballontraining' ook zijn nadelen. U zult uw hond in de gaten moeten houden als u op straat een kind ziet met een ballon. U blaast de ballon niet al te hard op, zodat de knal geen pijn doet aan de neus of het gezicht van de hond. Want dan zou de training wel eens averechts kunnen werken.

Straatgeluiden

Grote vrachtwagens, vliegtuigen, knetterende bromfietsen, sirenes, trams, rennende kinderen, blaffende honden, het hoort allemaal bij het normale straatbeeld. Ook hieraan moeten de pups wennen. Zijn ze het lawaai van de vrachtwagen nog maar net aan het verwerken, dan dendert er een brommer langs en aan de overkant staat een grote vreemde hond hard te blaffen. Het is niet voor niets dat de meeste pups de eerste keer dat ze mee naar buiten gaan het liefst weer zo snel mogelijk naar binnen willen. Ook nu zit u met het probleem dat als de pup bang wordt en wil vluchten dat natuurlijk niet kan, maar dat hij ook niet beloond mag worden voor zijn angstgedrag. Heel belangrijk hierbij is wat uw hond als beloning ervaart. En dat is niet eenvoudig. Heel lang is gedacht dat steun geven of troosten de angst en het angstgedrag alleen maar versterkt. Dat kan, maar dan alleen als de hond dit als de belangrijkste beloning ervaart. In angstsituaties is echter het verdwijnen van de bedreiging natuurlijk de belangrijkste beloning. Hier kunt u goed op inspelen. Neem de pup op uw arm mee naar buiten. Hij zocht nog geen steun en is inmiddels helemaal gewend aan het optillen. Dit doet u in huis tenslotte ook regelmatig. Nu heeft hij alle steun van u zonder dat u extra aandacht hoeft te geven aan die plotselinge angstprikkel. Hij is tenslotte al in uw armen. Nu hoeft u alleen nog maar te zorgen dat de pup went aan al die enge dingen. De pup leert dan bijvoorbeeld dat die vrachtwagen niet achter hem aankomt, dat die brommer ook weer verdwijnt en dat die sirene hem niet komt corrigeren. Na een paar keer weet hij dat en hij zal dan ook niet meer overdreven reageren op deze prikkels. Nu kunt u hem neerzetten. Dat kan al na een paar keer

... en knallen

Let op dat hij de 'flubbertjes' niet opeet

... ook aan andere honden

mee naar buiten te zijn geweest. Natuurlijk is dit per hondje verschillend. Eigenlijk geldt dat als u in uw armen geen enkele reactie meer voelt bij de pup bij dit soort vreemde geluiden, u de pup kunt neerzetten. Bij de ene pup is dit misschien wel na de eerste keer en bij de andere pup duurt dat iets langer. U voelt het zelf.

Toch een keer bang

Stel, u bent al heel ver en u loopt met uw pup aan de lijn door een winkelstraat. Ineens gebeurt er iets waarvan de pup toch erg schrikt. Er schiet bijvoorbeeld plotseling een brommer zonder uitlaat uit een steegje. Uw pup schrikt, en dat mag, maar komt vervolgens als doodsbang naar u toe gerend, trillen, piepend, hijgend, kwijlend, enzovoort. Hij is duidelijk heel erg bang. Het vervelende is dat die brommer waarschijnlijk doorrijdt, of u de pup nu optilt of niet. Dus wat u ook doet, de hond kan geleerd hebben dat zijn angstgedrag ervoor zorgde dat die brommer weer verdween. En dat is zijn beloning. Nu leren honden ook weer niet zo heel veel in één keer. U hebt dus nog alle mogelijkheden om dit aan te pakken. U tilt de pup op en aait hem uit zijn stress. Sommige mensen zeggen dat u nu zijn angstgedrag beloont, de beloning was echter dat die brommer verdween. Nu gaat u hem leren dat hij dat angstgedrag niet hoeft te vertonen. U zoek brommers op. Met uw pup in uw armen. Op afstand. Die afstand maakt u steeds kleiner. U leert de pup op een afstand dat hij niet bang hoeft te zijn voor die brommer, dat die brommers erbij horen. Stap voor stap gaat u nu dichter naar de brommer toe.

Zo kunt u ook het aantal prikkels langzaam opvoeren. Zette u de pup eerst neer in een wat rustige omgeving, nu zoekt u wat meer de drukte op. Eerst met de pup op uw arm, later zet u hem neer. Ga maar eens naar een winkelstraat, daarna naar de markt en het schoolplein en als de pup ook het treinstation aankan, dan bent u goed aan het socialiseren. Bedenk wel dat u regelmatig die drukke situaties moet blijven opzoeken. Als u dat maar één keertje of een paar keer doet treedt heel snel desocialisatie op. Dan wordt hij toch weer bang voor allerlei dingen.

Viaducten

Die steeds drukkere omgeving is een hele goede oefensituatie voor uw basisoefeningen. U was tenslotte de afleiding langzaam aan het opvoeren. Een geliefde plaats hiervoor is een viaduct. Neem dat al in het begin mee in uw trainingsopbouw. Til de pup wel weer eerst op voor het geval hij te veel schrikt van het voortjagende verkeer boven hem. Pas als u voelt dat hij niet of niet meer bang is zet u hem voorzichtig neer.

Vreemde geluiden

Om pups te wennen aan allerlei soorten geluiden hoeft u eigenlijk alleen maar de straat op te gaan. U merkt vanzelf wanneer het de pup niets meer doet en wanneer u drukkere situaties kunt opzoeken. Voorbeelden van heel vreemde situaties zijn carnavalsoptochten, intochten van Sinterklaas en voorbij marcherende fanfarekorpsen. Maak hiervan gebruik, maar pas wanneer u weet dat de pup dit aankan. Dus wanneer hij al goed tegen iets minder drukke situaties kan.

Vreemde voorwerpen

Observeer uw pup regelmatig, zodat u zijn reacties leert herkennen. U weet dan na verloop van tijd precies hoe hij reageert op bepaalde situaties. U kunt hem stimuleren als hij het gewenste gedrag vertoont of corrigeren als hij gedrag vertoont dat u liever niet ziet. Om uw hond enerzijds te leren wennen aan heel vreemde situaties en anderzijds om zelf te leren hoe uw hond reageert in bepaalde situaties, kunt u die vreemde situaties ook zelf creëren.

Zet hem eens op tafel. Heel even maar, waarbij u hem wel goed vasthoudt. Na een paar keer kunt u hem, als u geen weerstand meer voelt, iets minder stevig vasthouden. Als u nu merkt dat uw pup alleen maar rustig bleef omdat u hem vasthield en hij er nu wel vandoor wil, houdt u hem nog steeds vast. Gaat het wel goed en blijft de pup rustig zitten, dan kunt u uw handen steeds iets verder weg houden. Totdat hij rustig blijft zitten, terwijl u gewoon naast de tafel staat. Houd hem wel goed in de gaten, til hem er altijd vanaf en zorg dat hij er niet zelf vanaf springt of er vanaf valt.

Als dit helemaal goed gaat, kunt u de pup ook eens in een kruiwagen zetten. Alleen maar erin zetten en er weer uit. Als hij erin blijft zitten terwijl u staat, tilt u de kruiwagen een keer omhoog en zet hem direct weer terug. Als dat goed gaat, rijdt u een stukje, een meter maar. U gaat pas op de volgende stap over als u bij de hond geen enkele reactie meer ziet waaruit kan blijken dat hij bang is. Want dan gaat u te snel.

Hierna kunt u de pup ook eens in een fietskarretje zetten of in de aanhangwagen

Al vroeg wennen aan kinderen

van de skelter van de kinderen. Verzin maar iets. Ook hier geldt trouwens weer dat dit een prima gelegenheid is om de basisoefeningen te doen.
Om lekker bezig te blijven is het ook verstandig de pup eens mee te nemen in de lift. Is hij hiervan onder de indruk dan moet u dit voorlopig blijven oefenen, totdat ook een lift hem niets meer doet. Doet een lift hem toch al niets dan kunt u volstaan met af een toe een keertje in de lift.

Vreemde mensen

Het is al eerder beschreven bij de visite: iedereen vindt puppy's lief en iedereen wil er even aanzitten. Op zichzelf is dit best leuk want we zijn natuurlijk apetrots op dat pupje en iedereen mag dat weten. Alleen moeten we er wel voor zorgen dat de pup geen verkeerde dingen leert. De pup die terugdeinst waarna de 'aaier' zijn pogingen staakt, leert dat terugdeinzen, en dus angstgedrag, succes oplevert. De onzekere pup die hierbij ook nog blaft, gromt of zelfs hapt waardoor de mensen snel hun handen terugtrekken, leert dat agressie een zeer goede remedie is. Dit wordt dan een potentiële schrik van de buurt. Maar aan de andere kant leert het pupje dat mag opspringen, dat mag bijten in de handen, dat mag trekken aan de haren en dat mag likken in het gezicht, dat dit gedrag goed is. Dat hij hiermee braaf is en dat bovendien alle mensen leuk zijn en dit gedrag op prijs stellen. Waarom zouden ze het dan niet meer leuk vinden als hij groot is? We moeten de pup het gedrag leren dat we later ook graag van hem zien. Pootjes op de grond, niet trekken aan de lijn naar 'aardige' mensen toe en vreemde mensen zijn niet eng, want de baas heeft ze zelf ook steeds genegeerd. Met onzekere hondjes kunt u overigens wel op mensen af stappen. Laat de mensen wachten als ze de pup leuk vinden en betrek ze in de oefening. Vraag ze om de pup te negeren. Niet aankijken van de pup is hierbij erg belangrijk. U loopt met de pup naar de mensen toe. Nu kan ik me voorstellen dat u ook niet zo goed weet wat u moet zeggen tegen een wildvreemde. Probeer de man of vrouw of het kind uit te leggen waarom u deze oefening doet. De pup leert nu dat de mensen niet op hem reageren en dus geen bedreiging vormen. Bovendien stapte de baas erop af en deed niet anders dan anders, dus zonder extra aandacht te besteden aan de situatie, zodat de pup leert dat er niets aan de hand is. De mensen zullen dit begrijpen, ze hebben medelijden met de pup en tien tegen één dat ze meewerken. Op het moment dat de pup gewoon meeloopt met die 'vreemde' kunt u een keer de 'vreemde' een snoepje geven. Hij doet zijn hand laag en praat gewoon met u verder. De pup mag het snoepje gaan halen zonder dat de vreemde er extra werk van maakt. Als dit goed gaat kan de vreemde de hond even onder het kinnetje aaien. Dit kan dan weer stapje voor stapje worden uitgebreid.

Andere honden

Als het goed is, is uw pup als heel klein pupje al in contact geweest met rassen die er anders uitzien. Voor zijn socialisatie is dit heel belangrijk. Andere honden moeten als volkomen normaal worden gezien. Toch is het voor het pupje dat bij u in huis is gekomen vaak nog best even wennen. Voor u ook trouwens. Het is normaal dat u doodsbang bent dat die grote lobbes uw kleine pupje opeet of iets aandoet. Als uw pupje dan ook nog eens doodsbang is, bent u helemaal geneigd hem gauw op te tillen, in uw binnenzak te stoppen en hard weg te lopen. Toch is dit niet goed. Dat optillen is op zichzelf niet verkeerd. U voorkomt hiermee dat uw pup vlucht en bovendien geeft u hem de steun die hij misschien nodig heeft om te wennen aan die andere honden. Vaak willen die andere honden eigenlijk alleen maar even snuf-

Het leven kan soms heel vreemd zijn...

felen. Maar dat moet de pup wel toelaten, want als hij vlucht kan hij niet leren dat die andere hond niets kwaads in de zin heeft. U tilt hem dus gewoon op en gaat op uw hurken zitten. Als die andere hond vervelend zou doen tegen pupjes (wat overigens normaal hondengedrag kan zijn), weet zijn baas dat en zal hij u dat vertellen. De andere hond komt even snuffelen en uw pup leert dat er niets aan de hand is. Misschien kruipt hij even helemaal weg in uw armen. Dat geeft niet. Na verloop van tijd zal uw pup leren dat die andere hond best vriendelijk is en hij zal op zijn beurt ook gaan snuffelen. Prima, alweer een stapje verder. Nu is het moment gekomen om de pup wel neer te zetten en hem eventueel even met die andere hond te laten spelen. Voor het gericht zijn op de baas is het niet altijd even verstandig om hem maar volop te laten spelen met andere honden. Dan leert de pup weer dat andere honden leuker zijn dan u. Wissel het af en zorg dat u zelf altijd de leukste bent en blijft voor de pup. Laat pups ook niet al te lang spelen met andere honden. Een paar minuten is al voldoende, anders putten ze zich helemaal uit. Het is bovendien helemaal niet verstandig om met pups langer dan een kwartiertje te gaan wandelen. Het gekke is dat iedereen met een pup dat jammer vindt, maar als de hond eenmaal groot genoeg is voor lange wandelingen vinden de meeste mensen een kwartiertje vaak al lang genoeg.

Vreemde dieren

Nu u uw pup toch al overal mee naartoe neemt, kunt u best nog een stapje verder gaan. Neem hem ook eens mee naar de

... of juist heel leuk

dierentuin of de kinderboerderij. Aan de ene kant went hij dan aan dieren die zelf al gewend zijn aan honden en die zich hier dus helemaal niet meer druk om maken en aan de andere kant kunt u ook zien hoe uw hond reageert op die dieren. Wordt hij helemaal opgewonden van bijvoorbeeld een paar schapen in de wei, dan weet u dat u later moet uitkijken. Daaraan kunt u nu al iets doen. Hiervoor zijn niet alleen de basisoefeningen heel geschikt, maar het corrigeren kan hierbij heel belangrijk zijn. Dit is afhankelijk van de sterkte van de prikkel. Als uw balletje of uw snoepje de hond niet meer kan afleiden omdat die schapen vele malen belangrijker zijn, hebt u een goede gele-

genheid om uw correctie 'nee' te oefenen. Doe dit als de pup nog klein is en er nog gevoelig voor is. Is hij eenmaal twee jaar dan loopt u het risico dat u het niet meer redt met alleen maar 'nee' en dat zou jammer zijn.
Dit geldt natuurlijk ook met het oog op katten die u gewoon buiten op straat tegenkomt. Het is niet plezierig als uw hond daarop steeds blijft jagen. Vooral als er drukke wegen in de buurt zijn.

Bruggetjes

Zelf durfde ik nooit over bruggetjes met planken met van die kieren ertussen te lopen. Ik was altijd bang dat ik er tussendoor viel. Het heeft mijn moeder heel wat moeite gekost me uiteindelijk zo ver te krijgen dat ik er uit mezelf overheen liep.

Als je dan groot bent, vind je niets meer gek

Dit blijven herhalen

Uiteindelijk gaan ze alles normaal vinden

Ook veel honden vinden het maar niks, zo'n bruggetje met gaten ertussen. Ook hier geldt weer dat de pup moet leren dat hem niets ergs overkomt. Neem de pup weer mee op uw arm en loop eerst een paar keer gewoon over de brug. Laat hem maar wennen aan het geluid, want dat klinkt al heel anders. Als u van de brug af bent, zet u de pup neer en u gaat samen wat leuks doen. Hij moet tenslotte straks graag over die brug gaan, want erachter gebeurt iets leuks. Als dit allemaal zonder problemen verloopt en u merkt dat uw pup niet (meer) onder de indruk is op de brug zet u hem aan het eind van de brug al neer. Hij moet er nu zelf een paar pasjes over lopen om samen met u te gaan spelen. Deze afstand maakt u steeds wat groter. Tot hij zelf over de brug loopt.

Verkeer

Net als wij zijn honden gewone verkeersdeelnemers. Dit betekent niet dat ze de verkeersregels moeten kennen, maar ze moeten goed weten wat wel en wat niet mag. Zo mogen ze niet achter fietsers en joggers en skeelers aan, is het prettig als ze bij de stoeprand gaan zitten, moeten ze netjes in de auto leren wachten als ze even alleen worden gelaten en mogen ze pas uit de auto springen op het moment dat u dat aangeeft.

Tijdens de socialisatie moeten de pups al wennen aan fietsers, trimmers en skeelers. Op het moment dat verkeer normaal voor ze is, hebben ze ook niet de neiging om erachteraan te jagen. Neem de pup daarom in het weekend regelmatig mee naar parken waar die sportievelingen bezig zijn. Leer de pup dat agressie tegen die sporters niet werkt. Dit is moeilijk, want vaak zien we dat onze pup wat waaks wordt als hij iets hoort. Dit proberen we hem in huis al een beetje af te leren. Als hij in het park in de verte een hardloper ziet aankomen, hupt hij wat achteruit, waarbij

Zelfs heel andere dieren

hij gromt. Hij hupt wat vooruit, waarbij hij weer gromt. Zo huppelt hij wat heen en weer. Hij gromt wat. Rent dan een stukje weg, komt weer terug, gromt of blaft nu zelfs en de hardloper loopt langs en verdwijnt. De pup denkt nu dat hij dit voor elkaar heeft gekregen.
Als hij wat groter wordt, zal hij dit gedrag gaan versterken. Hij zal gaan anticiperen en menig hardloper heeft in korte tijd het wereldduurrecord gebroken, omdat de pup die gromde is uitgegroeid tot een hond die jaagt of zelfs bijt. Dit moet u natuurlijk voorkomen, accepteer daarom niet dat de pup gromt. Doe net als toen u de pup voor het eerst meenam op straat. Til hem op of leer de pup door de week dat er in dat park allerlei andere leuke dingen te doen zijn. Als hij dan onder de indruk is van de hardlopers, is er een kans dat u hem met andere leuke dingen kunt leren dat die hardlopers het niet op hem hebben gemunt. Want daar gaat het om.

Honden in de auto

Het is het meest plezierig als honden zich in de auto rustig kunnen gedragen en netjes kunnen blijven wachten met uit de auto springen tot de baas het aangeeft. Zelfs met de deur of de achterklep al open. Toch gaat het niet altijd goed. Ook hier gaat weer een uitgebreid leerproces aan vooraf.

Een hekel aan autorijden

Soms worden pups op de rit naar het huis van de nieuwe eigenaar ziek. Als de auto nog op de grote weg rijdt, is er meestal niet zo heel veel aan de hand. Pas op het laatste moment gaat het mis. In de meeste gevallen heeft dit te maken met het stuk vanaf de grote weg naar huis, waar nu ineens veel geremd en weer opgetrokken wordt en waar de route ineens een veel bochtiger is. De meest bazen vinden dat jammer, want het ging zo lang goed. Het gevolg is dat als men korte stukjes gaat rijden om de pup steeds meer te wennen aan het autorijden men dit meestal weer in de directe omgeving van het huis doet. Opnieuw met optrekken, remmen en veel bochten. En steeds gaat het dan weer mis. De pup krijgt een steeds grotere hekel aan autorijden, want het maakt hem misselijk. Tot hij er helemaal niet meer in wil. En dat is natuurlijk jammer. In dit geval is het wel goed om te oefenen met autorijden. Maar dan alleen maar heel kleine stukjes. Zonder bochten en met maar één keer optrekken en afremmen. Een meter of honderd en dan gauw wat leuks doen. Als dat goed gaat iets verder rijden. Daarna een keertje een extra bocht en dan weer een keer extra remmen en optrekken. Als de pup gewend is aan het speelveld en dit geweldig vindt, neemt u hem een paar keer met de auto daar naartoe. De kans is groot dat hij zijn misselijkheid vergeet vanwege de opwinding om naar het speelveld te gaan. En zo probeert u er steeds voor te zorgen dat hij niet ziek is geworden als u stopt en hij er weer uit mag.

Hevige opwinding bij autorijden

Sommige honden vinden het zo verschrikkelijk fijn in de auto, omdat die auto ze altijd brengt waar ze graag naartoe willen. Hierbij kunnen ze zichzelf dan niet helemaal meer beheersen en ze piepen als ze bijna bij het speelveld of het park zijn. Dit piepen wordt dan janken, dit janken wordt janken en springen en dit janken en springen wordt blaffen en door de hele auto rennen. Het wordt van kwaad tot erger. Op een bepaald moment lijkt de hond meer niet anders te kunnen en laten we wel wezen: hij heeft steeds opnieuw succes met zijn gedrag. Hij komt waar hij wil zijn en dit gedrag draagt ertoe bij. Tenminste, dat denkt hij waarschijnlijk. Voorkom dit door als uw pup gaat piepen terug te rijden naar huis. Pak regelmatig de auto, rijd een rondje en kom weer thuis. Pak de auto, rijd naar het punt waar hij begint te piepen en keer weer om.

Op deze manier maakt u het autorijden wat minder opwindend. Bovendien zorgt zijn gedrag ervoor dat hij niet komt waar hij wil zijn. Laat hem daarvan leren. Is hij stil dan rijdt u wel door en u kunt ook regelmatig eens een andere route nemen. Het klinkt misschien allemaal wat voorbarig met uw kleine pup, maar het is heel vervelend om auto te rijden met een hond in je nek.

Agressie tegen andere weggebruikers

U moet zich voorstellen dat de auto op zichzelf ook een territorium is voor de hond. In de natuur is de grens van het territorium de plek waar honden de grootste mate van agressie ontwikkelen tegen niet-roedelgenoten. Nu zijn er honden die dit territorium ook graag willen verdedigen. En dat gebeurt meestal met succes. Die hond aan de andere kant op de stoep verdwijnt, de fietser fietst verder en de auto's halen toch in of worden ingehaald. Wat een geweldige steun en toeverlaat is hij toch voor de baas die het al druk genoeg heeft met het letten op de weg en de andere weggebruikers! Het is heel moeilijk om dit gedrag om te buigen als het er eenmaal in zit. Maar het kan wel worden voorkomen.

De meeste pups blaffen nog niet in de auto. Het is allemaal nog heel indrukwekkend. Als het goed is bent u ondertussen al bezig met alle basisoefeningen, waaronder ook het commando 'nee'. Bij dit woord weet de hond op een gegeven moment dat zijn gedrag niet gewenst is. Als de pup nu wat groter is en hij vertoont voor de eerste keer agressie naar andere weggebruikers moet u al met 'nee' beginnen. De pup zal opkijken en u laat hem nu weten dat hij braaf is. Veel mensen gaan hiermee de fout in. Ze belonen hem niet, maar corrigeren hem nog eens extra. Ze denken dat, omdat de pup ze nu aankijkt, hij openstaat voor uitleg van het woord 'nee'. Je hoort dan ook heel vaak op het moment dat de pup kijkt nog een beetje namopperen door de baas. 'Laat dat' of 'Mag niet hoor'. De pup wordt dan eigenlijk weer gecorrigeerd voor het kijken naar de baas. En dat is natuurlijk helemaal in strijd met het consequent zijn en bovendien zijn we ondertussen de pup aan het leren dat hij ons soms moet aankijken. Dit is tenslotte een van de basisoefeningen. Dus moet de pup nu worden beloond. Dit geheel kan zich heel lang herhalen. Bedenk dat de aanhouder wint.

En verkeer

Alleen blijven in de auto

Sommige honden kunnen prima alleen thuisblijven. In de auto is dat wat anders en dan kunnen ze aardig wat vernielingen aanrichten. Ook het blijven in de auto moeten we de hond natuurlijk aanleren. Net zoals het alleen thuisblijven. Ga op

Ook de eigen auto hoort erbij

dezelfde manier te werk, waarbij u de hond ook nu leert dat u steeds terugkomt. Bovendien moet de hond leren niet te blaffen tegen voorbijgangers.
U gaat met de pup een stukje rijden en stopt ergens. U stapt uit, doet de deur dicht en loopt in het zicht van de pup een paar meter weg. Vervolgens komt u terug en beloont de pup. De pup zal waarschijnlijk al een beetje staan springen van blijdschap. Als dit te uitbundig gebeurt, gaat u weer weg. Hij mag tenslotte niet worden beloond voor dit springen.
Nu gaat u iets verder weg en uiteindelijk verstopt u zich even achter een andere auto. Hier gaan natuurlijk wel wat trainingsrondjes aan vooraf. U komt vrij snel weer tevoorschijn en deze oefening breidt u langzaam uit. Steeds met een paar seconden. Nu zet u de auto zó neer dat u een rondje kunt lopen zonder dat de pup u ziet. U gaat weer weg, verdwijnt uit zicht en loopt om. De pup kijkt naar de plek waar u verdween en ineens komt u van een andere kant aanlopen. Dat mag u hem best al op afstand laten weten. De pup leert nu dat waar u ook verdwijnt, u altijd weer terugkomt.
Als dit is gelukt, vraagt u aan buren of vrienden of zij willen helpen met de training. U verdwijnt uit zicht en op het moment dat u weer in zicht komt, lopen zij ook langs de auto. Ze mogen hierbij de hond niet aankijken. De pup zal u in de gaten houden en leren dat vreemden hem niets doen. Want die liepen immers door terwijl de hond zich met u bezighield. Als de hond toch begint te blaffen of te grommen dan moet u uw buren of vrienden vragen stil te gaan staan op het moment dat de hond hiermee begint. Het blaffen levert de hond geen succes op, het werkt zelfs averechts. Hij zal het echter blijven proberen en hij zal steeds luider gaan blaffen. Uw buren of vrienden reageren niet. Op het moment dat u in de buurt komt, zal de aandacht van de hond zich op u richten, ook al is dit maar even. Op dat

moment, de hond is nu stil, lopen de voorbijgangers door. Als u dit een aantal keer herhaalt leert de hond dat de dreiging pas verdwijnt als hij stil en rustig is. En dat is wat we willen.

Ook eigenlijk wel begrijpelijk. Als de pup eenmaal oud genoeg is om wel uit de auto te springen zijn we allang blij dat we hem niet meer hoeven te tillen. Hij heeft tenslotte al een heel gewicht bereikt. De hond

Als je dat weet, ga je alles eens rustig bekijken

Wachten in de auto

Er is bijna geen enkele pup die zelfstandig uit de auto springt. De enkeling die dat toch doet zal hier zo'n pijnlijke ervaring bij oplopen dat hij het de volgende keer laat. Het is gewoon nog te hoog. De bazen hebben van de fokker en de dierenarts te horen gekregen dat de pup de eerste tijd nog moet worden opgetild.

Toch zien we in het park nog steeds honden die niet te houden zijn als de klep of de deur van de auto opengaat. Dit zit er niet in bij pups, dit is aangeleerd gedrag.

leert nu ook dat hij niet meer hoeft te wachten. In eerste instantie zal hij wat voorzichtig springen en misschien nog een beetje twijfelen. Op de aanmoedigingen van de baas springt hij dan ten slotte toch en leert dat het werkt. Na drie keer heeft hij het helemaal in de gaten en wil alleen maar sneller uit de auto. Nu vinden wij dat nog wel komisch ook. 'Laat hem maar lekker, hij is zo blij dat hij in het park is.´ Wij hebben dan een heel grote kans laten liggen.

Als de pup nog niet mag springen, kun-

Zelfs op afstand

nen we prima de basisoefening 'zit' of 'staan' in de auto oefenen. Pas als hij even heeft gezeten of rustig stond, tillen we hem op en zetten hem neer. Nog beter is het om hem eerst even aan te lijnen. Op de grond laten we hem weer even zitten en sluiten eerst de auto af. Pas dan mag hij los, waarbij hij nog heel even moet blijven wachten. Zich leren beheersen is enorm belangrijk en dat leren we hem nu het gemakkelijkst aan. Als beloning hiervoor mag hij nu gaan spelen, snuffelen of wat dan ook. Natuurlijk pas nadat u 'toe maar' hebt gezegd.
Als hij dit eenmaal beheerst, is de stap naar wachten als hij wel kan springen, veel kleiner. U laat hem eerst wachten in de zit- of sta-positie, zegt dan 'toe maar' en laat hem dan pas springen. Dit gaat u ook weer uitbreiden. Steeds wat langer wachten. Dan een paar tellen wachten waarbij u een stapje achteruit doet, weer terugstapt en hem dan pas laat gaan. Steeds iets verder. Tot een paar meter. Als dat goed gaat, gaat u bij de hond zitten in de achterkant van de auto of op de stoel en strikt u uw veters of doet u uw laarzen aan. Hij mag pas gaan als u het zegt. Maak hier een gewoonte van. Dan loopt u niet het risico dat als u op de grote weg een keer een lekke band krijgt en de achterklep opendoet, uw hond dolenthousiast de weg op rent, met alle nare gevolgen van dien.

Wachten aan de stoeprand

Ik heb het niet zo op regelgevers die regels maken en adviezen geven over zaken waar ze eigenlijk niet zo veel van af weten. Ze verzinnen dingen waar je in de praktijk niet zo veel mee kunt. Een mooi voorbeeld hiervan is het 'hond in de goot'-fenomeen. Alsof er nooit iemand oversteekt. Bovendien is het heel gevaarlijk als je de hond zelfstandig laat beslissen wanneer hij van de stoep af mag. Bovendien is er ook bijna niet consequent mee om te gaan. De ene keer mag hij wel zomaar de stoep af en wordt hij beloond en de andere keer trekt hij de baas bijna onder een auto en krijgt vervolgens ongenadig op zijn kop. We zijn niet zo logisch bezig. Het is juist heel verstandig om de pup nu al te leren dat hij nooit van de stoep af mag als de baas dat niet eerst goedvindt. Ook dit moeten we hem leren. De hond moet daarvoor op commando kunnen blijven en zitten. In eerste instantie is de stoeprand een heel goede mogelijkheid om in de oefen- en uitbreidingsfase van de basisoefening 'zit' aan de gang te gaan.

Dan wordt het tegelijkertijd al een beetje een gewoonte voor de hond om altijd aan de stoeprand te gaan zitten.

De stoeprandoefening

Pas als hij de zit-oefening beheerst en u bent begonnen met de blijf-oefening gaan we ook verder met de stoeprand-oefening. U loopt, net als altijd, naar de rand van de stoep en u blijft stilstaan. U zegt nu geen 'zit', uw hand gaat alleen naar uw jaszak waarin wat lekkers zit. Er bestaat een kans dat hij gaat zitten, dan hebt u geluk, en u beloont hem natuurlijk direct. Pas op 'toe maar' wordt er overgestoken, maar dat gebeurde natuurlijk al. Als hij nog niet gaat zitten, pakt u het hondensnoepje en beweegt uw hand naar beneden naar zijn neus en eventueel naar achteren. U zegt niets, net zoals bij de aanleerfase van het zitten. Dit gaat u weer langzaam uitbreiden en u zult nu merken dat het allemaal nu veel sneller gaat dan bij de uitbreiding van de zit-oefening. U merkt vanzelf aan uw hond hoe u de verdere stappen kunt ophouwen. Wanneer hij al zit terwijl u uw hand nog net iets lager wilde doen, kunt u verder. Wanneer hij al zit als uw hand alleen nog maar naar uw jaszak gaat, kunt u verder en op het moment dat u stilstaat en hij verwachtingsvol naar uw hand kijkt of deze naar uw jaszak gaat, bent u al een heel eind op weg.

U kunt nu een keer een snoepje achterwege laten. U hebt het niet meer iedere keer

Maar de baas blijft het meest interessant

nodig, maar u moet het nog wel regelmatig geven. U kunt nu weer een stapje verder. Eigenlijk net zoals bij de blijf-oefening. De hond zit netjes en weet dat hij moet wachten op uw 'toe maar'. U zegt dit echter niet, maar doet één stap naar voren. De pup moet nu netjes blijven wachten. U stapt weer terug, zegt 'toe maar', en loopt samen over. Dan zet u twee passen, dan drie en zo gaat u steeds verder. Uiteindelijk hebt u een hond die altijd gaat zitten bij de stoeprand als u zelf daar stilstaat.

Uitbreiding van de oefening

Nu moet u nog wat verdergaan. Het is het mooiste als u straks een hond hebt die gaat zitten bij de stoeprand ongeacht of u ernaast staat. Bovendien is dit veilig. Het geeft u ook de mogelijkheid uw hond iets echt handigs te leren, waarvoor u en uw hond wel uw best moeten doen. Belangrijk hierbij is, zoals eigenlijk bij alle oefeningen, dat u weer uw geduld bewaart, rustig blijft en niet te snel te veel verwacht van uw pup. Let op zijn vorderingen en pas uw stapjes aan bij wat hij kan. Dit zorgt voor het beste resultaat.

U gaat weer naar de rand van de stoep, nu blijft u niet stilstaan, maar u gaat staan trappelen naast de hond. Alsof u nodig naar het toilet moet. U wacht tot de hond zit en op het moment dat zijn gatje de grond raakt, stapt u verder. Dit trappelen probeert u nu terug te brengen. U stapt alvast één stapje van de stoeprand af, dan twee, dan drie, enzovoort.

Het kan ook gebeuren dat de hond de stoeprand eerder bereikt dan u en wacht met het gaan zitten tot u ook stilstaat. U gaat weer een stapje terug en pakt het snoepje al, terwijl u nog niet helemaal naast de pup staat. Dan doet u alleen uw hand naar uw jaszak terwijl u er nog niet bent. De hond leert dat, ook al is hij er eerder, hij toch moet gaan zitten. Als dit lukt en hij alvast gaat zitten, dan blijft u zelf niet stilstaan naast de hond, maar loopt u een stukje de straat op. Steeds iets verder, net zoals bij het trappelen. Als dit lukt kunt u langzaam de lijn iets langer maken zodat u steeds iets verder weg kunt lopen. U wordt nu zelf zijn beloning. Op het moment dat u 'toe maar' roept, weet uw hond niet hoe snel hij bij u moet komen om te worden geaaid, even te spelen of iets lekkers te krijgen.

Als dit eenmaal goed gaat, kunt u weer een stapje verder gaan. U moet er overigens wel rekening mee houden dat dit een moeilijke oefening is en dat u heel erg consequent hierin moet zijn. Als u begint met deze oefening, geldt het zitten en wachten op 'toe maar' bij iedere stoeprand. Ook als u moet oversteken en eerst over een fietspad loopt, vervolgens een stoeprand, dan de weg, dan de middenberm op, met aan het eind een stoeprand, dan weer een stuk weg voor het verkeer de andere kant op, dan weer een stukje stoep met een stoeprand, dan weer een fietspad en pas dan bent u aan de overkant. U haalt dan nooit de oversteeklichten en u ergert zich vreselijk. Maar u moet wel oefenen bij iedere stoeprand.
Nu gaat u de druk iets opvoeren. U loopt op een stoeprand af en uw partner of een van de kinderen aan de overkant komt op u en de pup toe lopen. Het is nu nog niet eerlijk om zelf meteen al door te lopen of

om de hond los te laten en te kijken wat hij doet. De kans dat het dan misgaat is enorm groot. U gaat nu ook uw hulpmiddelen weer wat terughalen. U blijft zelf weer stilstaan, desnoods gaat u weer met uw hand naar uw jas en als beloning voor het feit dat uw pup de oefening goed doet mag hij op 'toe maar' naar de overkant. Ook dit kunt u weer uitbreiden. Uiteindelijk kunt u er een hond aan overhouden die gaat zitten bij de stoeprand als u een bal naar de overkant gooit. De hond kan immers leren dat hij daar uiteindelijk toch naartoe mag, op uw magische woorden. Hij is dus helemaal van u afhankelijk.

Fietsen met uw hond

Wilt u later gaan fietsen met de hond, dan kunt u uw pup nu al hieraan wennen. Belangrijk is dat hij later naast de fiets goed mee draaft zonder te trekken aan de lijn en zonder te dicht tegen uw fiets aan te lopen. De honden moeten altijd rechts van de fiets lopen, zodat u zich tussen de hond en het overige verkeer bevindt.
U kunt dit oefenen op het moment dat de pup het wandelen zonder trekken een beetje doorheeft. Om de pup te socialiseren hebt u hem natuurlijk al uitgebreid gewend aan fietsen en ook van fietsers op straat is uw pup allang niet meer onder de indruk. Het doet hem niets meer. U zet de fiets op de standaard of tegen de muur en nu doet u wat oefeningetjes in de buurt van de fiets. U wandelt er een keertje langs, u laat de pup ernaast zitten en liggen. U moet er natuurlijk wel voor zorgen dat de fiets stevig staat, want als hij omvalt bent u een heel eind van huis. Dan kan de pup zo schrikken dat u het fietsen voorlopig wel kunt vergeten.

Wennen aan de fiets

Als dit allemaal goed gaat, pakt u de fiets en gaat u aan de linkerkant staan. De pup is aan de rechterkant. Hij zal het in eerste instantie allemaal een beetje vreemd vinden want hij kan nu niet zo gemakkelijk bij u komen. Doe nu, terwijl u een beetje over de fiets heen hangt, eens wat oefeningetjes. Als dit lukt, gaat u weer een stapje verder. U loopt nu een paar stapjes terwijl u de pup meelokt. De fiets staat tussen u en de hond. Dit breidt u langzaam uit. U mag nu best een keertje op de fiets stappen om uw pup hieraan te wennen als u maar niet harder fietst dan wanneer u naast de fiets wandelt. En het gaat nog steeds om een paar meter. Wees wel voorzichtig, want een fietser met zo'n lage snelheid is natuurlijk niet zo stabiel en u moet niet ineens omvallen op de pup of over zijn pootjes heen rijden.

Echt gaan fietsen mag u met hem als hij een jaar of ouder is. Daarbij is het belangrijk dat u de pup laat 'draven' en hem niet laat 'galopperen'. Draven is veel beter voor zijn spieren en dit houdt hij uiteindelijk ook veel langer vol. Doe het allemaal wel rustig aan. Laat de voetkussentjes van de hond wennen aan verschillende ondergronden, zoals stoepen, asfaltwegen en fietspaden en controleer ze ook regelmatig. Het zou sneu zijn als de hond een eind moet doorlopen met een kapot zooltje. Bedenk ook dat er vaak langs de kant van de weg allerlei rommel ligt. Houd hier rekening mee en laat de hond iets van de kant af lopen. Dan beleeft u het meeste plezier aan de fietstochtjes met uw hond. Voor grotere rassen geldt zelfs een nog wat oudere leeftijd. Vraag dit aan uw dierenarts als u voor de eerste jaarlijkse entingen komt.

Rare dingen

Natuurlijk kunt u uw pup niet overal op voorbereiden. U kunt niet alles voorzien. Toch kunt u hier wel iets aan doen. Het leert u om goed te kijken naar uw hond in vreemde situaties en uiteraard om daarmee om te gaan. Bovendien is uw eigen gedrag vaak wat anders. U weet wat er komt en zal hier dus niet meer van schrikken, zoals wel vaak gebeurt bij een rotje dat ineens afgaat. U kunt u dus zekerder opstellen naar de hond toe en daardoor meer de rol op u nemen van de 'coole' leider die nergens van onder de indruk is en alles eigenlijk alleen maar leuk vindt.

Fietsmandje

Als uw pup nog heel klein is kunt u hem ook al wennen aan een fietsmandje. Dit is natuurlijk maar een paar weken mogelijk, want dan zijn de meeste puppen te groot. Toch went hij zo opnieuw aan iets vreemds. Ook nu weer zet u de pup in de fietsmand en houdt hem stevig vast zodat hij er niet uit kan springen. Geef hem van tevoren weer voldoende steun en zorg dat u in geval van een metalen mandje iets op de bodem hebt gelegd zodat de pup niet met zijn pootjes tussen de spijlen kan komen. Laat hem een paar tellen zitten en til hem er vervolgens uit. Na een aantal keren zult u merken dat hij het allemaal doorheeft en rustig blijft zitten. Nu kunt u een stukje gaan rijden. Een meter is voldoende en u beloont de pup met uw stem als u hem weer uit het mandje tilt. Na een paar dagen hebt u volop bekijks als u met uw pup voor in het mandje door het dorp fietst.

Boomstronk

Veel kinderen vinden het prachtig om over een omgevallen boom te lopen. Eerst aan de hand van de ouders, maar later ook los. Een soort evenwichtsbalk. Dit kunt u ook met uw hond doen. Leg een plank op de grond. Zo'n plank die ook wel wordt gebruikt om kruiwagens ergens op te rijden is hiervoor heel geschikt. Lok de pup met een snoepje naar de plank en beweeg het snoepje over het midden van de plank naar voren. De pup volgt het snoepje en loopt over de plank. Aan het eind laat u de pup van de plank aflopen en krijgt hij het snoepje.
Als u later 'behendigheid' met uw hond wilt gaan doen, moet u wel met een paar

dingen rekening houden. Bij 'behendigheid' heb je op alle toestellen waar de honden overheen moeten lopen raakvlakken. Die moet de hond aanraken bij het op- en afgaan. Laat daarom uw hond niet te ver van tevoren van de plank afspringen. Wen hem er al aan dat hij tot het eind moet doorlopen. Laat de hond daarom regelmatig aan het einde zitten en geef hem daar dan zijn beloning. Tegelijkertijd een goede mogelijkheid voor de uitbreiding van de zit-oefening.
Vervolgens legt u de plank weer, net zoals bij het aanleren van het trappen lopen, op een paar boeken. Nu wordt het pas echt een evenwichtsbalk. Hierbij kunt u weer van alles verzinnen. U was al bezig de hond te leren staan op de tafel bij de dierenarts of de hondentrimmer. Laat die plank nu eens op een trimtafel uitkomen. Daar doet u weer wat oefeningen en u laat hem er weer aflopen.
Een andere variant is om in het midden van de plank een telefoonboek te leggen. U krijgt nu een 'wip' voor honden. Wen hem er maar aan. Alle gekke dingen zijn leuk en zo leren de pup en u dat u samen de hele wereld aankunt.
Als de pup dit beheerst, kunt u hem ook buiten over een boomstronk leren lopen. Of hem erop laten staan. Dit levert trouwens prachtige foto's op. U gaat gewoon op dezelfde manier te werk. Let alleen op met boomstronken waar de schors vanaf is. Deze worden spekglad bij nat weer. Als hij echter alleen maar over de boomstronk mag lopen op uw commando is er natuurlijk niets aan de hand want dan geeft u alleen het commando als het veilig is. Het commando hierbij mag u zelf verzinnen als het maar niet te veel lijkt op andere commando's die u gebruikt. Noem het bijvoorbeeld 'stronk' of 'plank'.

Vroeg wennen en alles wordt gewoon

Als uw hond over een boomstronk heen kan lopen, kan hij er natuurlijk ook over heen springen. Hij mag het alleen op uw commando. Dat voorkomt dat hij later over hekjes springt zonder dat u het goed vindt. Ga aan de ene kant van de boomstronk staan met een snoepje en laat de pup aan de andere kant staan. Lok hem er met het snoepje overheen. In het begin zal hij misschien nog klimmen maar na een paar keer, als hij inmiddels ook al weer een beetje is gegroeid, zal hij springen. Geef ook hierbij weer een commando en beloon hem alleen maar als hij springt op uw commando. Laat de pup nog niet hoger springen. Dit is net zo slecht als het traplopen.

Tentje

Leer de pup om onder iets door te lopen. Behalve dat dit best leuk is, leert hij ook

Bedenk u wel of het later ook nog leuk is

zelf om steeds weer met nieuwe dingen om te gaan. Het is heel simpel op te zetten. U neemt een keukenstoel en legt over de zitting een kleedje dat tot aan de grond komt. U hebt nu een poortje gecreëerd. U pakt de pup op en zorgt dat er iemand anders aan de andere kant zit met een snoepje. Het snoepje wordt aan de andere kant iets in het poortje vastgehouden. U zet de pup nu met zijn neus vlak bij het snoepje neer. De ander beweegt het snoepje naar buiten en samen danst u van plezier als de pup er doorheen is. Natuurlijk krijgt hij eerst zijn beloning in de vorm van dat snoepje. Doe maar lekker gek, dan leert de pup dat het leuk is. Vervolgens zet u de pup steeds verder naar voren en de ander houdt het snoepje steeds verder naar achter. Dat snoepje mag ook een balletje zijn dat wordt weggerold op het moment dat de pup bijna uit het poortje is. Als de pup dit allemaal leuk vindt, kunt u dit natuurlijk uitbreiden. Zet een paar keukenstoelen achter elkaar en maak er eens een bocht in. Zodat de pup de uitgang niet kan zien.

Zo kunt u ook de keukenstoelen weglaten en twee mensen het kleed laten vasthouden. U bent dan dus met zijn vieren. Twee mensen die het kleed vasthouden en twee mensen die met de pup bezig zijn.

In het begin is het voor de pup niet zoveel nieuws, alleen zijn er nu twee mensen bij in plaats van een keukenstoel. Die mensen kunnen echter het kleed op iedere willekeurige hoogte vasthouden. Houdt het kleed maar eens wat lager of laat het eens los als de pup er nog net niet helemaal onderdoor is. Hij moet dan door een soort slurf lopen. Laat vervolgens het kleed steeds iets eerder los. Hij weet de uitgang wel te vinden, zeker als de persoon met het balletje of het snoepje voldoende geluid maakt. Zorg in ieder geval wel voor een goede ingang en ga in uw eigen enthousiasme niet al te snel. Het moet wel leuk blijven en de pup moet er niet te erg van schrikken.

Verstoppertje spelen

De meeste honden zijn helaas buiten niet zo erg geïnteresseerd in hun baas. De omgeving is interessanter. Andere honden zijn veel leuker en het kost de mensen heel veel moeite om hun hond bij zich te roepen. Hij hoeft uiteindelijk ook alleen maar te komen als hij moet worden aangelijnd om weer naar huis te gaan. Hij heeft inmiddels geleerd dat als hij niet komt, de pret nog niet voorbij is. Het is eigenlijk onze eigen schuld. En dat is jammer. Ga daarom vaak met meer mensen tegelijk de hond uitlaten. Mensen uit het eigen gezin, wel te verstaan. In het begin gebeurt dit meestal nog wel, maar als de nieuwigheid van de pup af is, wordt in veel gezinnen een schema gemaakt wie de hond wanneer moet uitlaten. En dat is jammer. Met meer personen is veel leuker en waarschijnlijk voor iedereen nog gezonder ook.

Bovendien geeft dit een goede mogelijkheid om de pup meer op het gezin dan op de omgeving te richten. Een voorbeeld hiervan is het komen. Dit kan nog worden uitgebreid. De ene persoon houdt de pup vast en de ander gaat zich verstoppen, achter een boom of een muurtje. Vervolgens roept diegene de pup. Op het moment dat de pup helemaal rustig zit of staat, zonder spanning op de halsband, laat degene die de pup vasthoudt hem gaan. U weet wel, met 'toe maar'. Nu betekent 'toe maar' dat de pup mag gaan doen wat hij wil, maar dat willen we ook. Tien tegen één dat uw pup alleen maar op zoek wil naar de persoon die verstopt zit en dat is precies waarop we hopen. Wij zijn, van alles wat er om hem heen gebeurt, het allerbelangrijkste. Natuurlijk wordt hij beloond als hij de verstopte persoon gevonden heeft en inmiddels kan de ander zich verstopt hebben. Die roept hem dan en zo kan het spelletje een paar keer achter elkaar worden gedaan. Wat een geweldig leuke bazen heeft deze pup toch! Daarna mag hij weer wat gaan snuffelen of spelen, maar we leren hem wel dat bij ons komen leuk is. En daar gaat het om.

Samenvattend

Het is nogal wat waaraan u moet wennen en waaraan u moet werken voordat uw pup de hond is geworden die u voor ogen had toen u besloot een hond aan te schaffen. Hij moet van alles leren, u moet van alles leren en eigenlijk moet u moet continu bij alles nadenken. Is dit het gedrag dat ik wil, zo ja, hoe moet ik dat dan verder stimuleren en zo nee, hoe buig ik dat dan om in gedrag dat ik wel graag wil? Verder zult u ook nog eens heel veel aan de mensen in uw omgeving moeten uitleggen, want die begrijpen er helemaal niets van. Die willen knuffelen en de pup wil ook knuffelen, maar dat mag niet want dan leert de pup verkeerde dingen. U wilt dat uw pup zindelijk wordt en u mag hem niet belonen voor het piepen als hij aangeeft dat hij moet. U moet letten op allerlei volgordes in oefeningen en mag pas door met de volgende oefening als hij weer in een bepaalde fase van een andere oefening is. U moet de auto pakken om vijfhonderd meter te rijden, wat volledig indruist tegen uw gevoel om het milieu zo veel mogelijk te sparen. Het is niet allemaal even gemakkelijk. Toch kunt u als u hieraan even wat meer aandacht besteedt dan u eigenlijk van plan was, een wereldhond krijgen. Een hond waarop de hele buurt gek zal zijn en die helemaal aan uw verwachtingen voldoet. Omdat u zijn baas bent.

8

Blijf de baas

Er wordt veel gesproken over dominante en onderdanige honden. We moeten ons realiseren dat dit natuurlijk heel relatieve begrippen zijn. De keiharde hond vol leiderschapskwaliteiten, die een nog dominantere baas heeft, is de onderdanige en de heel zachte hond met een nog zachtere baas wordt vaak de dominante. Als wij nu maar zorgen dat we altijd net een stukje dominanter zijn dan de hond, zit het meestal wel goed. Wel moeten we ook hiermee weer zorgvuldig omgaan. Er zijn honden die heel graag heel actief hun onderdanigheid tonen. Als wij die honden dan nog eens actief gaan onderwerpen, dan begrijpen ze er helemaal niets meer van. Dan bestaat zelfs de kans dat ze uit angst gaan terugvechten en als ze hiermee succes hebben, kunnen ze dit gedrag weer gaan uitbouwen en er later heel dominant uitzien. Dit moeten we natuurlijk voorkomen.

Ontspannen op zijn zij

Dominante gedragingen

Sommige dominante gedragingen kunnen wij bij onze honden zien. We kunnen met een paar simpele handelingen ook al een beetje zien hoe opportunistisch een pup is. Met opportunistisch bedoelen we dat we willen zien in welke mate de pup waarschijnlijk later zal proberen onze positie in de rangorde over te nemen.

Ga maar eens plat op uw buik liggen en lok de pup naar u toe. Doe dit niet met volwassen honden of honden in de puberteit waarvan u niet helemaal zeker bent hoe dominant ze zijn. Er bestaat namelijk een mogelijkheid dat ze iedere gelegenheid aangrijpen om het van u te winnen en als u zo plat op uw buik ligt bent u wel erg kwetsbaar. Bij een pup kan het echter prima en kijk nu maar eens wat hij doet. Een actief onderdanige pup zal zich nog kleiner willen maken. Hij wil letterlijk lager zijn dan u en hij zal proberen onder uw armen door te kruipen en zich op zijn zij of zijn rug wentelen. Hierbij kan hij ook proberen om uitgebreid uw mondhoeken te likken en heel hard kwispelen waarbij het hele achterlijfje mee schudt. Een dominantere jongen kwispelt iets minder en kan proberen om met zijn achterwerkje tegen uw hoofd aan te gaan staan of zelfs over uw hoofd heen. Zijn staartje en oren staan omhoog en naar voren gericht. Dit is het overstaan. De hoogste eigendunk vind je bij pups die boven op u gaan staan en heel hard aan uw haren gaan trekken. Ze kunnen zelfs gaan schudden met uw haardos. Dit gedrag kan zich ook langzaam ontwikkelen. In eerste instantie toont de pup zich vrij onderdanig maar na een tijdje ziet hij dat er meer in zit. Hij kan zich steeds dominanter gaan opstellen.

U kunt hier natuurlijk ook dominant gedrag tegenover stellen. Bij het onderdanige pupje is dat niet zo nodig. Hij toont zich al volledig onderdanig ten opzichte van u. U moet hem vertrouwen gaan geven. Want in feite is het actief tonen van onderdanigheid hetzelfde als het uitzenden van allerlei agressieremmende signalen. Dat betekent dat de hond dus waarschijnlijk een beetje bang is voor agressie van uw kant. We kunnen dus zeggen dat heel onderdanige puppy's een beetje aanleg hebben voor angst. En juist nu is het zo verschrikkelijk belangrijk dat u ze veel vertrouwen in u geeft, zodat u kunt laten zien dat ze zich in hun leven eigenlijk nergens druk over hoeven te maken; in het begin als u in de buurt bent en later als ze de omgeving een beetje kennen, ook wat verder van u vandaan.

Tegenspartelen is niet de bedoeling, dan gaan we vaak te snel

Als u nu doorzet met dominante handelingen is het vertrouwen in u snel weg en moet de pup zich dus helemaal op zichzelf verlaten. En dat kan nooit de bedoeling zijn.

Daarom zal bij het aanleren van het toestaan van dominante handelingen een verschil worden gemaakt tussen de van nature onderdanige hondjes en de opportunistische rakkers. Doe alle oefeningen eerst in huis in een rustige omgeving die ook al een beetje vertrouwd is. Als het goed gaat kunt u ze buiten uitbreiden.

Aankijken met grote woeste ogen

Aanstaren is een teken van dominantie. De onderdanige moet wegkijken. De van nature onderdanige pup zal vrij snel wegkijken. Hiervoor mag u hem belonen. Er bestaat ook een kans dat de pup zich op afstand al op zijn zij draait. Een agressieremmer. Ook hiervoor mag u hem belonen.

De opportunistische pup kan allerlei gedrag vertonen. Hij kan agressief worden en gaan blaffen of u uitdagen. U maakt zich dan wat groter en u blijft hem aankijken. U gaat niet in op zijn uitdaging. Leer hem maar dat blaffen niet werkt en dat u de meest dominante bent. Blijf rustig en zorg dat u wint. Hoe lang het ook duurt. Op een gegeven moment zal de pup doorhebben dat het gedrag dat hij vertoont u niet van uw stuk brengt. Hij zal ophouden en wegkijken of weglopen. U hebt gewonnen.

Maak er geen spelletje van dat hij kan winnen

Snuitbijten

Bij de oefening 'aaien' bent u de pup al aan het leren om rustig te blijven als uw hand op zijn snuit rust. Dat hebt u later weer nodig voor onder andere het bekijken van het gebit. Dit is ook een dominante handeling. Bij de onderdanige hond moet u daarom de pup leren dat u hem er geen kwaad mee doet, dat hij vertrouwen in u moet krijgen. Word daarom niet boos als hij op zijn rug draait als u uw hand wat langer op zijn snuit laat liggen. Hij geeft zich alleen maar over.

Bij de opportunist moet u zorgen dat hij het accepteert. Veel oefenen en rustig opbouwen. Dan is hij braaf. Het helemaal aaien van de pup als hij ligt is op zichzelf al een dominante handeling. Ook een reden om hem hieraan al vanaf het begin te laten wennen. Als pupje moet u hem daarom regelmatig optillen, vasthouden en aaien. Laat hem niet winnen, als hij tegenspartelt. Leer hem dat u sterker bent.

Overbuigen

Het over de ander heen gaan staan is enorm dominant. U kunt dat oefenen door, als u de pup aait en hij ligt ergens op de grond, over hem heen te buigen. Het onderdanige pupje kan dan op zijn ruggetje draaien en u kunt hem hier direct voor belonen door rustig door te aaien en hem met heel zachte en rustige stem toe te spreken. De opportunist went u aan overbuigen door hem eerst te aaien als u naast hem zit. U schuift dan langzaam, stukje bij beetje, iets op tot u ook over deze pup heen gebogen zit. Heel rustig en beheerst went hij dan aan het feit dat u echt de hogere in de rangorde bent.

Breek de oefening af als hij even rustig is geweest

Op zijn rug of op zijn zij

Op zijn rug of op zijn zij is eigenlijk de ultieme onderdanige houding van een hond. Hij is nu heel kwetsbaar en heeft geen sterkere agressierem meer achter de hand. Voor dominantere honden is dit een mogelijkheid andere honden aan zich te onderwerpen, als andere dominante handelingen zoals poot opleggen, overstaan of kop op de schouders van de ander leggen, niet werken. Als een hond dus voor ons op zijn rug gaat, geeft hij heel duidelijk zijn onderdanige positie aan. Als u dit met uw hond voor elkaar kunt krijgen, zit het vrij goed wat betreft de dominantieverhouding tussen u en uw hond. Bij de onderdanige pup gaat het eigenlijk vanzelf. Als u hem aan het aaien bent en u buigt iets over hem heen, zal hij al op zijn rug draaien. Als u hem nu lekker op zijn buikje kriebelt, wordt hij hier ook nog eens voor beloond. De rakker zal dit niet zo gauw doen. Hij zal kijken of hij er onderuit kan komen. Of hij kan winnen.
Ga met zo'n hondje niet continu het gevecht aan. U vestigt dan extra aandacht op deze oefening, waarmee u tegelijk aangeeft dat u nog niet helemaal zeker bent van uw positie; anders zou u het niet zo vaak oefenen. Ga ook hier uit van het aaien en bouw het rustig op met alle andere oefeningen. Pas als die allemaal goed gaan, gaat u verder met het aaien en het omduwen van de pup op zijn rug. Veel pups vinden het lekker om op hun buikje of in hun liezen te worden geaaid. Maak hier gebruik van. Als de pup eenmaal aan het aaien gewend is, kriebelt u hem gewoon op zijn rug. Spelenderwijs toont hij zich dan ook onderdanig. Het kriebelen is dan voor hem een beloning.

Spelen

Spelen staat ook bij de oefeningen genoemd, maar eigenlijk is het een dominantieoefening. U moet ervoor zorgen dat u het spel begint en ook wint. Dat geldt niet alleen voor het dominante dondersteentje, maar ook voor het onderdanige pupje. Als u dit pupje laat winnen leert hij niet dat u de grote sterke leider bent, op wie hij later al zijn zelfvertrouwen kan gaan bouwen. U kunt ook met uw handen spelen. Hiermee kunt u de pup bijten,

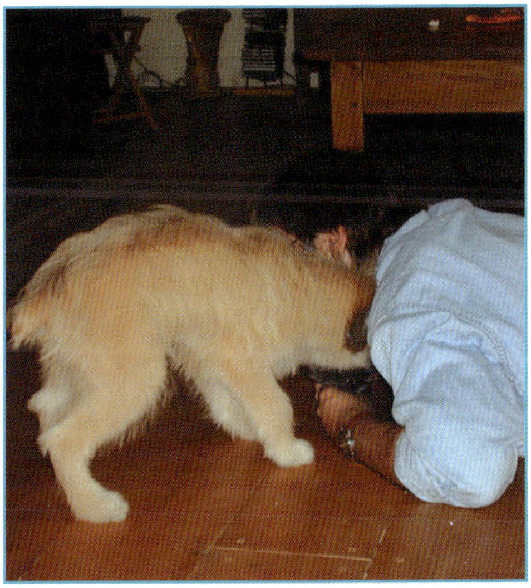

'Ga ik hoger... of lager'

onderwerpen en overwinnen. Ga maar eens op handen en voeten zitten en daag de pup uit. U begint. Als hij ingaat op het spel pakt u steeds met uw handen zijn voorpootjes beet. Die trekt u onder hem vandaan, zodat u hem eigenlijk steeds op zijn zij dwingt. Voordat hij begint te spartelen laat u alweer los, anders leert hij dat tegengas geven succes oplevert. Zo kunt u hem ook eens stiekem over zijn snuit pakken en weer loslaten. U kunt hem wegduwen en een schuiver laten maken over het parket. Doe dat wel als hij al ligt, want u wilt hem natuurlijk niet blesseren. Op deze wijze laat u op alle mogelijke manieren zien dat u toch wel heel erg sterk bent. U beëindigt het spel weer door gewoon op te houden en over te gaan tot de orde van de dag. Er zullen natuurlijk pups zijn die het hier niet helemaal mee eens zijn. Die blijven uitdagen. Op het moment dat u hierop ingaat, ook al geeft u met een boze stem aan dat hij nu moet ophouden, heeft hij succes. Volkomen negeren en ervoor zorgen dat geen van zijn gedragingen het door hem gewenste resultaat opleveren, is het beste.

Belangrijk is, dat u steeds blijft beginnen met het spel. Veel pups vinden dit soort spelletjes prachtig en bijten keihard in uw handen. Ook op eigen initiatief. Uw reactie om hem te laten stoppen is voor hem alleen maar een stimulans om door te gaan. Als dit het geval is moet u dit soort bijtspelletjes niet meer doen. Zorg dat hij niet bij uw handen kan komen. Bijt hij in uw broekspijpen, reageer hier dan niet op. Draag dan maar even wat oude broeken, want wel reageren zal alleen maar het gedrag versterken. Doe dit al bij het jonge pupje, want als hij wat groter is en hij bijt dan nog steeds in uw broekspijpen, dan trekt hij u omver. Een mooiere stimulans om nog verder te gaan, is er bijna niet. Natuurlijk bent u ook al bezig met de oefening 'nee' en die kunt u ook gebruiken als hij te ver gaat. Als hij 'nee' tenminste al doorheeft.

Kleine kinderen mogen geen dominantiespelletjes of -oefeningen doen

De aanhouder wint

Het opvoeden van puppy's is niet gemakkelijk. Sterker nog, het is heel moeilijk en heel ingewikkeld en je moet goed weten waarmee je bezig bent. We moeten heel consequent zijn en dat is niet altijd even gemakkelijk. Aan de andere kant leren honden van hun eigen gedrag en als dat een positieve ervaring oplevert, zullen ze het gedrag herhalen en als het een negatieve ervaring oplevert, zullen ze het gedrag achterwege laten. Ook weten ze heel snel dat als ze maar even volhouden, dat succes kan opleveren.

Als de baas 's avonds opstaat, staan zij al klaar voor hun laatste wandeling van die dag. Als er gekookt gaat worden zitten zij al klaar op de plek waar zij hun eten verwachten. Dit is op zichzelf geen gedrag waarmee bazen problemen hebben en er hoeft dus ook niet zo veel aan te worden gedaan. Behalve als die baas niet is opgestaan om de hond uit te laten maar om bijvoorbeeld nog wat te drinken te pakken. In veel gevallen blijft de hond dan toch 'doorzeuren'. Hij wordt gecorrigeerd en gemaand rustig te blijven. Er ontstaan echtelijke ruzies waarbij de één denkt dat de hond echt iets moet en de ander vindt dat hij nog maar even moet wachten. De hond zit hier niet mee en zeurt ondertussen lekker door. Meestal resulteert dit in een boze baas die zwicht voor de meerderheid van stemmen. De hond hield aan en heeft gewonnen.
We staan te praten met iemand en de hond zit rustig naast ons te wachten. Tot er iemand anders met een hond voorbij komt. Onze hond staat op en trekt de lijn strak om de andere hond zo uitgebreid

mogelijk te gaan besnuffelen. Wij corrigeren de hond en manen hem tot zitten en rust, waarbij we eigenlijk vaak al van tevoren weten dat dit geen enkele zin heeft. Als de andere hond nog dichterbij is gekomen laten we onszelf toch maar die paar stapjes meeslepen. Wat maakt die laatste meter nu uit. We kunnen immers gewoon doorpraten met onze gesprekspartner. De hond hield aan, zag en overwon.

We zitten gezellig met zijn allen aan tafel en niemand is verbaasd als ook de hond naast een van de tafelgenoten zijn (vaste?) plek heeft ingenomen. Hij wacht geduldig op wat komen gaat. Hij weet immers dat hij wat zal krijgen. Hij negeert commando's die hem niets zeggen maar die klinken als: 'Ga nu eens weg, je mag niet bedelen' en: 'Hij krijgt nooit wat hoor, maar dit zit er nu eenmaal in'. De hond blijft gewoon zitten. Na verloop van tijd krijgt hij natuurlijk iets toegestopt. De aanhouder wint immers. Nog is het niet voorbij. Nieuwe pogingen in de trant van: 'En nu niet meer hoor, zo is het genoeg geweest', slaat hij in de wind om vervolgens toch nog wat toegestopt te krijgen, ook al is dat echt het laatste...
In de zomer zitten we lekker met zijn allen in de tuin en ook de hond scharrelt rond of vindt een fijn plekje in de schaduw. Tot hij zich wat gaat vervelen en met zijn tennisbal komt aanlopen. Die legt hij keurig voor de baas op de grond of soms zelfs op zijn schoot. De baas wil dat niet en gooit boos de bal weg. Dit is precies wat de hond wilde. Hij haalt de bal op en legt hem op precies dezelfde plaats neer, duikt iets door zijn voorpoten en staart gespannen naar de bal en wacht op wat komen gaat. Als de baas niet reageert kan hij dit spelletje heel lang volhouden, hij weet immers dat de baas toch zal zwichten. Ze zijn hierin heel geduldig. Duurt het allemaal iets te lang, dan kan wat piepen snel zorgen voor het gewenste resultaat. Ook al praat de baas heel boos of onaardig. De bal wordt weer weggegooid.

Sjorren is niet alleen leuk, het kan ook een machtstrijd zijn

De hond heeft al heel snel geleerd dat als hij maar lang genoeg volhoudt, hij zijn zin wel krijgt. Is dit gedrag ongewenst, dan moeten wij dus zorgen dat zijn gedrag niet meer het gewenste resultaat oplevert. Dit kost tijd en erg veel geduld. Maar de aanhouder wint.

De hond heeft geleerd dat trekken aan de lijn resulteert in het sneller bereiken van het speelveld. De dag na de hondencursus wordt hier nog wel wat aan gedaan, maar na een paar correcties geeft de baas het op onder het mom van: 'Ach, hij wil zo graag en hij weet nu eenmaal de weg.' De aanhouder wint opnieuw en weer is dit de hond.

Zo ook de hond die trekt aan de lijn en denkt dat hij hiermee sneller in het park is. Als de baas iedere keer als de lijn strak komt te staan, stilstaat en niet meer verder loopt en de hond verder niet corrigeert of er aandacht aan besteedt, zal de hond leren dat dit gedrag niet meer werkt. Alleen dan kan het veranderen. Dit betekent wel dat de baas lange tijd per wandeling om de drie passen zal moeten stilstaan en pas kan gaan lopen als de hond de lijn laat vieren. Dus niet de baas moet de lijn slapper laten hangen, het initiatief hiervoor moet bij de hond liggen. Nu moet de baas dus eens net zolang wachten tot de hond iets doet. De aanhouder wint.

Als de hond aan tafel volledig wordt genegeerd en nooit meer iets krijgt, zal hij ophouden met bedelen. Maar hij mag dan ook nooit meer iets krijgen. Eén enkel keertje, ook al is het bijvoorbeeld dierendag, kan maanden training tenietdoen. Als de hond tijdens de wandeling de bal niet afgeeft in de hand maar de bal voor de baas neergooit, moet de baas gewoon doorlopen. Het neergooien van de bal werkt dan niet meer en de hond zal ander gedrag moeten ontwikkelen om de bal toch weggegooid te krijgen. Laat hem dit rustig zelf ontdekken. Als hierbij het initiatief bij de hond ligt en hij zijn beloning pas krijgt – het weggooien van de bal – op het moment dat hij hem wel in de hand afgeeft, zal hij het snel genoeg doorhebben. Als de hond de bal niet wil afgeven, maar om de baas heen en weer gaat springen en dansen, moet de baas dit gedrag volkomen negeren en iets anders gaan doen. Ook nu werkt het gedrag van de hond niet meer. Het resultaat: winnen van de baas, sneller zijn dan de baas, wordt niet meer bereikt. Het gedrag zal verdwijnen. Dit kan heel lang duren, maar vergeet niet: de aanhouder wint en laat dit nu eens niet de hond zijn!

9

Honden en kinderen

Honden en kinderen kunnen de beste maatjes worden. Er is zelfs wetenschappelijk onderzoek gedaan, waarbij is aangetoond dat huisdieren een gunstige invloed kunnen hebben op de ontwikkeling van kinderen. Toch is voorzichtigheid geboden. Inmiddels weten we dat honden toch wat anders communiceren dan mensen en dat wij hiermee moeten leren omgaan. Omdat dit voor ons al moeilijk is, kunnen we niet verwachten dat kinderen dat wel kunnen. Zeker niet als kinderen dat pupje ook nog eens als een nieuw stuk speelgoed zien. Honden kijken anders naar kinderen tot een jaar of twaalf dan naar volwassenen. Ze hebben wel degelijk in de gaten dat er verschil is.

Pups en kruipende kinderen

De pup moet leren omgaan met alle nieuwe gezinsleden. De gezinsleden moeten leren omgaan met de pup. Dit kost even tijd. Kleine kinderen zien honden als teddyberen. Het is knuffelspeelgoed, dat nog net iets leuker is omdat het beweegt en geluid kan maken. Dat betekent ook dat kleine kinderen erin willen knijpen en willen kijken of die oogjes eruit kunnen en willen proeven hoe dat neusje smaakt. Ook zijn zij niet bepaald zachtzinnig in het vastpakken van de pup. Dit kan natuurlijk voor de pup een heel onplezierige ervaring worden. En zoals we inmiddels weten, houden pups niet van onplezierige ervaringen en willen ze deze voorkomen of ze willen er tenminste van afkomen. Het is dan ook niet verwonderlijk dat ze onder de bedreiging van het kind uit willen en hiervoor gedrag ontwikkelen dat succes oplevert. De ene pup probeert te vluchten en de andere pup zal wellicht grommen, snauwen of zelfs bijten. Dat moet worden voorkomen. Enerzijds willen we natuurlijk dat de pup later als hond de beste vriendjes met het kind wordt en anderzijds willen we de pup niet leren dat agressie tegenover het kind succesvol gedrag is. Zelfs als u hem alle hoeken van de kamer laat zien als hij een keer bijt, betekent dit niet dat hij het gedrag niet meer zal vertonen. Als de pup de bedreiging van het kind negatiever ervaart dan de correctie, zal hij agressie blijven vertonen. Dat leverde immers het gewenste resultaat op. Houd het kind daarom in de gaten.

Geef de pup een plek waar het kind niet bij kan komen. Een kamerkennel die het kind niet kan openmaken is hiervoor weer heel geschikt. De kans dat het kind gaat staan rammelen aan die kennel is niet zo groot. Hij doet dit alleen maar om bij de pup te komen en als dat niet lukt zal ook het kind dit gedrag niet meer vertonen. Als het kind en de pup vrij rondlopen, laat ze dan nooit zonder toezicht bij elkaar. Als het toch een keer misgaat, lost u het probleem dan voor de pup op. Dan zal hij leren dat hij niet bepaald gedrag moet vertonen om de bedreiging te laten stoppen. Dat doet u wel voor hem. Haal het kind weg bij de pup en geef het een ander speeltje.
Nu kan het natuurlijk ook zijn dat het kind niet zo geïnteresseerd is in de pup maar de pup wel in het kind. Ze dagen uit en beginnen zelf het spel. Op dat moment zal het kind het leuk vinden en dit ook laten merken, wat weer een stimulans is voor de pup om door te gaan. Een volgende stap voor de pup is het kind bij een mouw vast te pakken en het de hele kamer door te sleuren. Het klinkt misschien wat vreemd, maar vaak vinden kinderen dit ook leuk en levert het zelfs voor de ouders heel hilarische taferelen op.

Kinderen en honden: leuk, maar het blijft een risico

Het gaat zelfs nog wat verder. Als het kind een beetje waggelend gaat lopen, maakt het nogal wat kilometers door de hele kamer. Het kind loopt van de ene kant naar de andere en weer terug. Voor pups is dit weer reuze interessant en ze vinden het dan ook prachtig om achter het kind aan te hobbelen. Ze bijten in de broekspijpen en kunnen sluipend van achter de bank hun prooi bespringen. En dat is het eigenlijk ook. Het kind wordt een prooi en omdat het nog niet zo vast op zijn beentjes staat, zal de pup overwinnen. Dit mogen we hem natuurlijk nooit leren en ook hier geldt weer, dat wat voor ons een spelletje lijkt voor de hond veel serieuzer is. Laat dit dan ook niet gebeuren en leidt de pup met een lekkere kluif af, voordat het kind zijn ronde gaat doen. Laat vervolgens het kind niet weer naar de hond toe gaan en ze leren al gauw perfect langs elkaar heen te leven. Dat is waarschijnlijk toch het beste.

Pups en grotere kinderen

Grotere kinderen vanaf een jaar of twaalf kunnen best al een beetje bij de opvoeding van de hond worden betrokken. Begeleid ze in het spelen met de hond. Laat ze geen renspelletjes doen als de pup het leuk vindt om in billen te bijten. Laat ze renspelletjes doen met een hondensnoepje dat de hond pas krijgt als hij netjes gaat zitten. Hij mag het snoepje ook niet uit de handen graaien. Help het kind met het commando 'nee' en als het kind het allemaal nog een beetje eng vindt, laat het dan dit soort spelletjes niet doen. Anders leert de pup al heel snel dat hij het kind aankan. Leer het kind snoepjes geven door zelf achter het kind te gaan staan. U legt uw hand onder de vlakke hand van het kind en legt op de hand van het kind een snoepje. Als de hond te gretig is, sluit u snel uw hand waarbij een mogelijke beet van een pup die zich gedraagt als krokodil, in uw hand plaatsvindt en niet in die van het kind. U kunt gewoon het commando 'nee' oefenen. De pup heeft geen succes als hij te gretig is. Hij moet dus wel ander gedrag gaan vertonen.
Betrek de kinderen ook bij de oefeningen. U hebt als leider het recht alle plaatsen in de rangorde te bepalen. Dus u mag ook het kind boven de pup plaatsen. Vertel het kind wel duidelijk wat hij wel en wat hij niet moet doen, dus zorg ervoor dat de pup eerst de oefeningen beheerst, voordat u die oefeningen met het kind gaat oefenen. Anders moet u én de pup én het kind begeleiden en dat kan bijna niemand. Zelfs de meest ervaren instructeur niet.

Kinderen onder een jaar of twaalf kunt u het beste gewoon zelf een beetje met de hond laten omgaan. Realiseer u, dat als u vindt dat de hond ook naar deze kinderen moet luisteren u een, zoals we dat noemen, afhankelijke rangrelatie aan het creëren bent. Het kind staat dan in de rangorde boven de hond omdat u aanwe-

Knuffelen en aaien, alleen onder toezicht

zig bent. De positie van het kind is dus afhankelijk van uw aanwezigheid. Dat betekent dat u nooit even de aandacht mag laten verslappen, omdat de hond dan wel eens zijn kans zou willen grijpen. U mag het kind best oefeningetjes laten doen voor snoepjes en zo. U mag het kind echter geen dominante handelingen laten uitvoeren. Stopt de hond met luisteren naar het kind en gaat hij ergens liggen, dan is dat prima. Ze kunnen goed naast elkaar leven en plezier hebben aan elkaar.

Wandelen

Laat kinderen niet zonder toezicht wandelen met pups. Pups moeten nog overal aan wennen en hun angst of agressie tijdens die wandelingen hangt voor een groot deel af van de begeleiding die ze krijgen van de baas. Dat kan en mag je niet aan kinderen overlaten. Zelfs niet als u een perfecte puppy hebt. U weet niet wat uw kind en de pup buiten allemaal tegenkomen. Het kan zijn dat er ineens moet worden geïmproviseerd. Dat kunt u niet zomaar aan kinderen toevertrouwen.

Laat kleine kinderen niet alleen op pad gaan met een hond

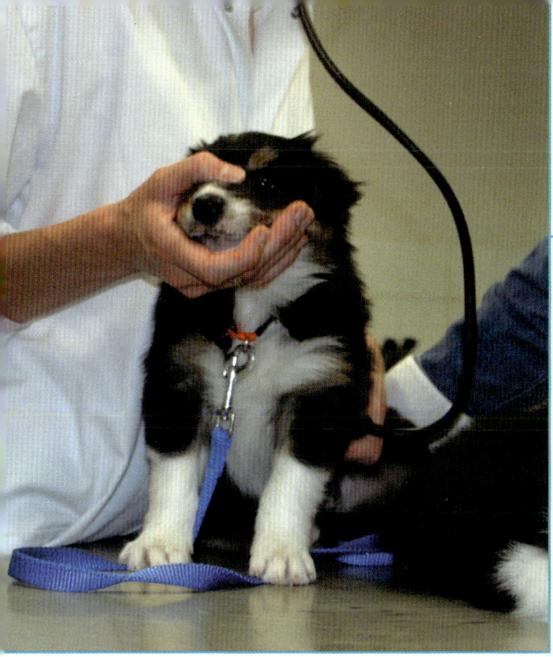

10

Ziekte en gezondheid

Het is niet de bedoeling hier een uitgebreide medische verhandeling te geven. Toch is het belangrijk dat u een paar zaken goed in de gaten houdt. In de eerste plaats is het heel belangrijk uw hond goed te observeren. Eet hij goed, drinkt hij goed, ziet zijn ontlasting er normaal uit, heeft hij geen viezigheid in zijn ogen, schudt hij ineens met zijn kop, likt hij veel aan zijn geslachtsdelen, wordt zijn vacht dof en is hij wel normaal levendig en speels.

Bij twijfel moet u actie ondernemen. Een gouden stelregel hierbij is dat u beter tien keer te vaak bij de dierenarts kunt komen dan één keer te weinig. Want dan kunt u uw hond kwijt zijn.

Observeren van uw eigen hond

Het is handig als u uw hond goed hebt leren observeren wat betreft zijn gedrag. Zo kunt u er op de juiste wijze als baas op inspelen. Maar ook voor de gezondheid is het heel belangrijk dat u uw eigen hond kent, zodat u afwijkingen snel kunt constateren. Check wat zijn normale temperatuur is, kijk hoeveel hij gemiddeld per dag drinkt en eet, controleer regelmatig zijn ontlasting op kleur en vastigheid en houdt in de gaten hoe levendig hij normaal gesproken is. Ook de natheid van de neus is een graadmeter, alhoewel een droge neus absoluut niet afwijkend hoeft te zijn. Als de hond in normale doen tenminste ook altijd een wat droge neus heeft. Kijk eens een keer naar de kleur van de slijmvliezen van zijn mond en ogen. Deze moeten over het algemeen mooi roze zijn. In de mond is dit het tandvlees en als u het onderste ooglid iets naar beneden trekt, ziet u het oogslijmvlies.

Braken en diarree moeten u direct alert maken. Zeker bij puppy's omdat die vrij snel kunnen uitdrogen. Ga bij twijfel altijd even naar de dierenarts. Het motto hierbij blijft: beter een paar keer te vaak dan één keer te weinig.

Naar de dierenarts, op de arm mee naar binnen

Temperaturen

De lichaamstemperatuur van honden ligt wat hoger dan bij mensen. Gemiddeld genomen zo tussen de 38 en 39 graden Celsius. Voor kleine rassen en pups kan dit wat hoger zijn en voor grote rassen wat lager. Toch is het belangrijk de normale lichaamstemperatuur van uw hond te weten. Dan weet u ook wanneer er bij ziekte behoorlijke afwijkingen zijn. Temperatuur uw hond dan ook een paar keer als hij in gewone doen is. Dan weet u precies zijn normale lichaamstemperatuur. Het temperaturen doet u bij de hond rectaal. Zorg wel dat hij niet op de thermometer kan gaan zitten. Uiteraard is de borsteloefening hiervoor een mooie voorbereiding.

Oren

De oren horen schoon te zijn en niet te stinken. Als honden oorontsteking hebben reageren ze vaak feller op schelle geluiden, houden hun kop scheef en hun oren doen pijn. Ook kan de hond last hebben van oormijt. Dit herkent u aan een bruin/zwart korrelige substantie. De hond schudt vaak met zijn kop en krabt vaker. In beide gevallen moet de hond worden behandeld. Bel eerst even met de dierenarts, omdat met name oormijt heel besmettelijk is en het is voor dierenartsen en andere hondenbezitters niet prettig als u in de wachtkamer voor een kleine epidemie zorgt. Laat in deze periode uw hond niet spelen met andere honden.

Ogen

Ook de ogen moeten schoon zijn en vrij van haren. Komt er een pussige, groene substantie uit dan moet u de dierenarts raadplegen. Het kan een teken zijn van een onderliggende ziekte. Is de rommel uit de ogen wat zanderig of waterig, dan kunt u volstaan met het uitspoelen van het oog met afgekoeld, gekookt water. Vaak ontstaat dit doordat er wat zand of aarde in de ogen is gekomen. Het slijmvlies van de ogen moet mooi roze zijn. Roodheid kan wijzen op ontstekingen.

Gebit

Een hond hoeft en mag eigenlijk helemaal niet stinken uit zijn bek. Omdat honden normaal gesproken hun tanden niet poetsen, kan er tandsteen ontstaan. Dit kan voor viezigheid en ontstekingen zorgen, waardoor de hond wel uit zijn bek gaat ruiken. Bovendien gaat ook al die rommel het maag-darmkanaal in en kan daar voor

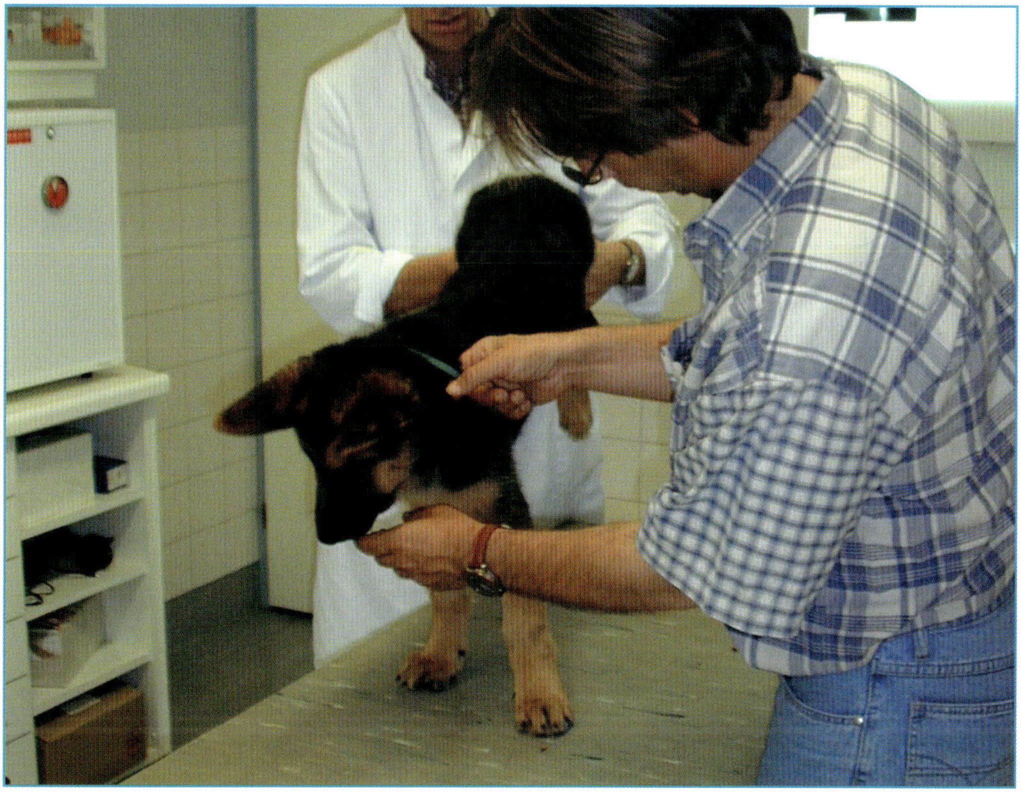

Even testen op de tafel, de baas geeft steun

problemen zorgen. Met kluifmateriaal kan de hond zijn gebit zelf schoonhouden (zie ook de oefening 'tandjes poetsen').

Nagels

De nagels van honden slijten over het algemeen gewoon af als de honden regelmatig over een stenen ondergrond lopen. Komen ze vaker in het bos of op grasland, dan slijten de nagels wat minder en moet u ze knippen. Dit hebt u de pup al van jongs af aan geleerd, zodat dit geen problemen meer oplevert. Ook het nageltje van het 'duimpje' moet goed in de gaten worden gehouden, omdat dit nooit afslijt.

Geslachtsdelen

Reu

Reuen kunnen soms een wat pussige afscheiding uit hun geslachtsdeel hebben. Dit kan duiden op of leiden tot een voorhuidontsteking. Dit moet worden behandeld.
Voor reuen geldt dat zij al op jonge leeftijd kunnen zorgen voor nakomelingen. Als er een teef in de buurt loops is, kunnen ze aan niets anders denken: ze zijn smoorverliefd. Ze likken aan plasjes, ze klappertanden en tillen nu helemaal vaak hun poot op. Inmiddels zijn beide balletjes

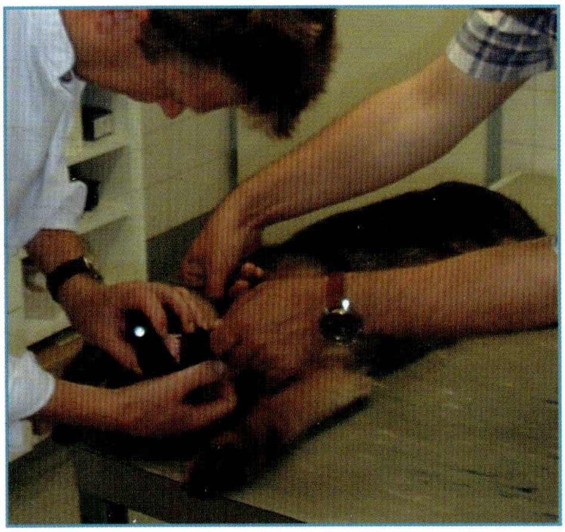

Gebitje controleren

ingedaald en als ze het op hun heupen krijgen, willen ze tegen alles en iedereen aan gaan staan rijden. U moet dit als grote leider direct verbieden. U bepaalt of de hond mag dekken of niet. En bovendien is het rijden tegen mensen ook nog eens een heel dominante handeling. En die mag u natuurlijk nooit toestaan.

Teef

Vanaf een maand of zes kunnen teven loops worden. Dan verliezen ze bloed en anders dan bij mensen, vindt in deze periode de eisprong plaats en kunnen ze worden bevrucht. Na een dag of negen neemt meestal de zwelling van de vulva wat af en wordt de bloeding wat wateriger. Veel mensen denken dat dan de loopsheid over is. Niets is echter minder waar. Op dit moment zijn de teven 'dekrijp' en veel ongewenste nestjes zijn op deze wijze ontstaan.
Na een dag of vijf wordt de bloeding weer roder en na in totaal een week of vier is de loopsheid weer over. Die dekrijpheid wordt echter niet altijd aangegeven met het slinken van de vulva en het wateriger worden van de bloeding. Sommige teven zijn al dekrijp na drie of vier dagen en er hebben succesvolle dekkingen plaatsgevonden op de 28e dag van de loopsheid. Het is dus verstandig uw hond gewoon de hele periode aangelijnd te houden.
Als teven een pussige uitscheiding hebben kan dit duiden op een baarmoederontsteking. Hiermee moet u heel snel naar de dierenarts. Vaak gaat dit gepaard met koorts en veel drinken. Dit hoeft echter niet altijd zo te zijn en daarom is het verstandig deskundige raad te vragen.

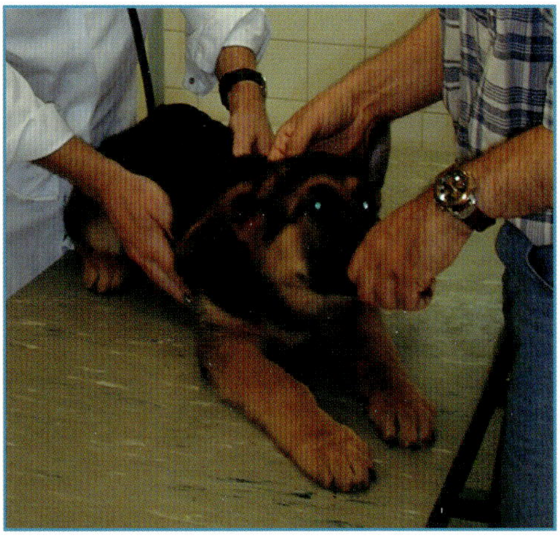

Afleiden met iets lekkers

Parasieten

We maken hierbij onderscheid tussen de in- en uitwendige parasieten. De meest voorkomende uitwendige parasieten zijn de teek en de vlo.
Als inwendige parasieten kennen we voornamelijk de spoel- en de lintworm.

Teken
Eerst waren teken alleen maar hinderlijk en niet zo heel gevaarlijk. Op dit moment komt echter ook de zwarte teek voor, die dodelijk kan zijn. De honden kunnen hiertegen worden geeënt. De gewone teek komt echter veel vaker voor.

Vraag bij uw dierenspeciaalzaak naar een zogenaamde tekentang. Deze kost niet veel en op de gebruiksaanwijzing staat hoe u de teek gemakkelijk en veilig kunt verwijderen. Zelf de teek verdoven of eruit draaien kan wel, maar kan ook tot gevolg hebben dat hij zijn vieze inhoud leegt in de hond. En dit kan weer vervelende gevolgen hebben.

Vlooien
Vlooien komen helaas veelvuldig voor en behalve dat ze jeuk, of in ernstige gevallen zelfs allergie kunnen veroorzaken, zijn ze ook de overbrenger van de lintworm. Ze moeten dus worden bestreden. Overleg met uw dierenarts hoe u dit het beste kunt doen. Er zijn namelijk veel verschillende mogelijkheden met allemaal hun eigen voor- en nadelen.

Spoelwormen
De spoelworm krijgt de pup mee van de moederhond. Hier kan zij en ook de fokker niets aan doen. U herkent een spoelworminfectie aan elastiekachtige sliertjes in braaksel of ontlasting.

Lintwormen
De lintworm wordt voornamelijk overgebracht door de vlo en u herkent hem aan op rijstekorrels lijkende geledingen. Deze zitten bij een besmetting rond de anus, in de broek van de hond, op zijn (slaap)plaats en in de ontlasting.

Het mag duidelijk zijn dat uw hond bij een infectie moet worden behandeld. Veel beter is het om preventief te handelen en uw hond een paar keer per jaar te ontwormen. Hierbij krijgt u van uw dierenarts vaak een middel dat ook nog allerlei andere wormen bestrijdt.

Entingen en ontwormen

Bij de fokker zijn de pups al minimaal één keer ingeënt en een aantal keren ontwormd. Zeker gedurende het eerste halfjaar moet dit nog enkele malen worden herhaald.

Ga in de eerste paar dagen even met uw pup naar de dierenarts. Laat de pup helemaal nakijken. Voor de pup een goede oefening en voor u de zekerheid dat u een gezonde pup hebt. Uw dierenarts zal u dan precies kunnen vertellen wanneer u uw pup precies moet laten enten en ontwormen.

11

Voeding

Over voeding van de hond valt enorm veel te vertellen. Boeken vol zijn erover te schrijven en hele congressen kunnen erover worden georganiseerd.
Gelukkig is er tegenwoordig voer te koop waarin alles zit wat uw hond nodig heeft. In de juiste verhoudingen en hoeveelheden. Uitgebalanceerd dus. Dit kunt u zelf samenstellen, maar ook kant-en-klaar kopen. De fokker van uw pup heeft de pup, als het goed is, verantwoorde voeding gegeven. Ga hiermee door.

In eerste instantie zal de pup een aantal maaltijden per dag krijgen. Dat kleine maagje kan gewoon nog niet die grote hoeveelheid die de pup nodig heeft in één keer aan. Overleg dit dan ook met de fokker of de dierenarts. Het is beter om de pup een half uur voor en drie kwartier na het eten niet te laten spelen. De kans is groot dat hij dan al zijn voer er weer uitgooit. Ook bestaat er een kans op een maagtorsie of -draaiing. Daarbij kantelt de maag en worden slokdarm en darmen afgesloten. Bij pups komt dit nog niet zo vaak voor, maar wel bij volwassen honden en u kunt hem dus beter nu al wennen aan die rust. En omdat pups toch nog veel rust nodig hebben, kan dit best in die periodes voor die vier etensbeurten. Na verloop van tijd kunt u het aantal voedingen gaan afbouwen. Meestal wordt geadviseerd het eten van de hond uiteindelijk te verdelen over minimaal twee voedingen. Krijgt de pup na de maaltijd zijn 'gekke halfuurtje', dan hoeft u zich hierover ook niet zo veel zorgen te maken. Hij is weer aan het oefenen in allerlei handelingen. Doe er niet aan mee, maar ga er lekker voor zitten en geniet ervan. Het is eerder voorbij dan u denkt.

Het zou gemakkelijk zijn als we alleen maar hoefden te zorgen dat honden van alle voedingsstoffen iets binnen krijgen en dat dit dan direct zou voldoen aan zijn dagelijkse behoefte aan die verschillende voedingsstoffen. Helaas ligt dat niet zo simpel. Zoals we bij de mineralen en vitaminen kunnen lezen is te weinig niet goed, maar te veel ook niet. En zo moet er in de voeding van de honden de juiste balans worden gevonden van alle verschillende voedingsstoffen. Niet te veel van het ene of te weinig van het andere. Het is daarom een hele klus om de juiste voeding van de hond zelf samen te stellen. Je moet gaan werken met de juiste grondstoffen en toevoegingen als kalk en vitaminen. Het kan wel, maar het is behoorlijk ingewikkeld. Bovendien is het bewerkelijk, de kans op fouten is groot en is er sneller kans op bederf.

Maar laten we één ding voorop stellen. Honden zijn *niet* uitsluitend vleeseters. In de natuur eten de wilde soortgenoten ook niet alleen het vlees van de prooi die ze gevangen hebben, maar ook de maaginhoud (met plantaardig materiaal) en de beenderen en ze eten zelfs bessen en andere vruchten die in hun leefgebied voorradig zijn. En daaruit valt dan weer te concluderen dat ze behoefte hebben aan maaltijden van gevarieerde samenstelling. De maaltijden moeten zijn samengesteld uit de volgende groepen voedingsstoffen: eiwitten, vetten, koolhydraten, mineralen, vitaminen en water. En dan in de juiste verhoudingen en hoeveelheden.

Eiwitten

Eiwitten heeft de hond nodig als bouwstenen voor de opbouw én het herstel van veel weefsels, zoals spieren, pezen en haren. Ze zorgen samen met andere voedingsstoffen voor de vorming van enzymen en hormonen die de stofwisseling regelen. Ze zijn nodig bij de vorming van antistoffen die helpen tegen ziekten en ze kunnen worden gebruikt voor het leveren van energie.

Bij een tekort aan eiwitten of bij eiwitten van mindere kwaliteit kunnen er problemen ontstaan bij de opbouw van weefsels, de stofwisseling en het afweermechanisme tegen ziekten. Dit uit zich in een slechte eetlust, slechte groei of zelfs vermagering en een slechte conditie van de vacht.

Vetten

Vetten zijn eigenlijk de belangrijkste leverancier van energie. Als er een tekort is aan essentiële vetzuren, dan uit zich dat in huidbeschadigingen, in een slechte conditie van de vacht en het kan zelfs leiden tot voortplantingsproblemen.

Koolhydraten

Koolhydraten zijn korte of langere ketens van suikers, die we kennen als 'snelle' energieleveranciers. We kennen allemaal wel de druivensuiker als we wat slap zijn en snel wat meer energie willen hebben. Honden hebben koolhydraten niet echt nodig, omdat ze via hun eigen stofwisseling in staat zijn andere voedingsstoffen in bijvoorbeeld glucose om te zetten, mits goed gekookt, maar het blijven goede energieleveranciers. Bovendien leveren koolhydraten voedingsvezels die van belang zijn voor een goede darmwerking.

Mineralen

Mineralen vervullen vele functies in het lichaam. Zo zijn calcium en fosfor belangrijk voor het skelet en het gebit, natrium en kalium voor het regelen van de juiste vochtbalans. Ook zijn mineralen nauw betrokken bij de stofwisseling.

Het is heel belangrijk dat de mineralen in de goede verhouding en in de juiste hoeveelheden aanwezig zijn in de voeding. Een sprekend voorbeeld hiervan is dat bij honden die bijvoorbeeld alleen maar spiervlees te eten krijgen een tekort aan calcium (kalk)ontstaat. Het lichaam zal kalk uit de botten halen, omdat het toch kalk nodig heeft. Het beendergestel wordt ontkalkt en spontane botbreuken kunnen optreden. Dit wordt het 'all-meat syndroom' genoemd. Hiernaast kan een teveel aan calcium ook botproblemen opleveren.

Vitaminen

Vitaminen spelen een heel belangrijke rol bij allerlei functies van het lichaam Algemeen geldt dat een tekort, maar ook een teveel aan vitaminen schadelijk kan zijn.

Water

Het lichaam heeft water nodig voor het transport van voedingsstoffen naar weefsels en organen en voor de afvoer van afvalstoffen. Water zorgt ervoor dat de lichaamstemperatuur op peil blijft en het helpt bij de vertering van andere voedingsstoffen. Zonder water is leven ondenkbaar.

Nawoord

In dit boek heb ik geprobeerd aan te geven hoe u uw hond tot een plezierige, fijne huishond kunt opvoeden. Ik heb mij helaas moeten beperken tot de meest voorkomende situaties en kon niet ingaan op al het mogelijke gedrag dat pups kunnen vertonen als reactie op welke willekeurige prikkel dan ook. Het is daarom verstandig met uw pup naar een goede, professionele puppycursus te gaan. Ga zo snel mogelijk met uw pup naar zo'n cursus omdat het meeste foutieve gedrag hem al van jongs af aan wordt aangeleerd.

Bedenk ook, en dat is wellicht het belangrijkste, dat u een hond hebt aangeschaft die het recht heeft om in alle opzichten hond te zijn. Zijn belangrijkste drijfveren in het leven liggen op het vlak van de voortplanting, de jacht op voedsel en de rangorde. Hiermee wordt in de natuur op een harde, maar wel altijd duidelijke manier omgegaan. Uw hond heeft het recht op wandelen in de vrije natuur, op snuffelen aan lantaarnpalen en in bosjes, op spelen met soortgenoten en op duidelijke leiding. Dat u het leuk voor de hond kunt en moet maken is mijn streven, zolang dit de duidelijkheid maar niet ondermijnt.

Peter Beekman

Nuttige adressen

Kynotrain:
T: 0165 - 381383
E: info@kynotrain.nl
W: www.kynotrain.nl

Black Box Hondenscholen:
W: www.blackboxmethode.nl

Nederlandse Databank Gezelschapsdieren:
T: 0900 - 4040456
W: www.databankgezelschapsdieren.nl

Raad van Beheer op Kynologisch Gebied in Nederland
T: 020 - 6644471
W: www.kennelclub.nl

Platform verantwoord huisdierenbezit
W: www.huisdieren.nu

Bond tot Bescherming van Honden
T: 070 - 3388538
W: www.hondenbescherming.nl

Dierenbescherming
T: 070 - 3142700
www.dierenbescherming.nl

Amivedi
0900 - 2648334

Dibevo-dierenpensionservicelijn
0900 - 1020400

Interessante sites:
www.ani-mails.nl
Geef u op voor de gratis e-mailnieuwsbrief van uw dierenarts

www.doggynet.nl
Interessante site over van alles wat met honden te maken heeft, meer dan 7000 pagina's

www.mediaboek.nl
Grootste dierenboekensite van Nederland

www.kennelclub.nl
Met adressen van alle kynologenverenigingen in Nederland